U0172246

John Ruskin
The Stones of Venice

# 威尼斯之石

[英] 约翰·拉斯金 著 / 潘 玥 译

华中科技大学出版社
http://press.hust.edu.cn
中国·武汉

**图书在版编目（CIP）数据**

威尼斯之石／（英）约翰·拉斯金著；潘玥译. —武汉：华中科技大学出版社，2023.5
ISBN 978-7-5680-9371-2

Ⅰ.① 威… Ⅱ.① 约…② 潘… Ⅲ.①古建筑－文化遗产－保护－威尼斯 Ⅳ.① TU-87

中国国家版本馆CIP数据核字（2023）第064430号

*THE STONES OF VENICE*

by John Ruskin

National Library Association New York Chicago

Simplified Chinese translation copyright © 2023

by Huazhong University of Science & Technology Press Co., Ltd.

## 威尼斯之石
WEINISI ZHI SHI

［英］约翰·拉斯金 著
潘 玥 译

| | | |
|---|---|---|
| 出版发行：华中科技大学出版社（中国·武汉） | | 电话：（027）81321913 |
| 武汉市东湖新技术开发区华工科技园 | | 邮编：430223 |

策划编辑：王 娜　　　　　　　　　　　　美术编辑：杨 旸
责任编辑：王 娜　　　　　　　　　　　　责任监印：朱 玢

印　　刷：武汉精一佳印刷有限公司
开　　本：880 mm×1230 mm 1/32
印　　张：8.5
字　　数：204千字
版　　次：2023年5月 第1版 第1次印刷
定　　价：79.80元

投稿邮箱：wangn@hustp.com
本书若有印装质量问题，请向出版社营销中心调换
全国免费服务热线：400-6679-118 竭诚为您服务
版权所有　侵权必究

# 译　序

　　"伦巴第那一支苦寒的川流，以及后来的诺曼的河流，在它们所经之处留下漂泊的石砺，在它们自身范围之外并未影响南部地区。但是阿拉伯炽热的岩浆，即使它停止流淌，也使得整个北部空气变得温暖，整个哥特式建筑毋宁说是北部地区的艺术身处这一影响下不断自我完善与精神化的历史。"很难相信，这种黑格尔式的论述出现在《威尼斯之石》（*The Stones of Venice*）中。这本书的作者写道："自从人类最初的统治越过重洋，三种权力形态标志性地扎根于他们的土地：泰尔、威尼斯，以及英格兰。泰尔的统治现在只剩下回忆；威尼斯只剩下废墟；英格兰，继承它们的伟大之处，如果忘记这些先例，一样会从骄傲的荣光堕入可悲的灭亡……延续泰尔，威尼斯有着无可挑剔的美丽，虽然统治时间较短，在最终走向衰亡的那个时期，还是留了几许意味供我们这代人领悟：尘海之上的幽灵，如此孱弱，如此静谧，一切都被尽数夺去，除了她的甜美，潟湖上的幻影在微弱地闪耀，让我们疑惑，到底哪一处是城，哪一处是影。"他急于为当代人记录这些教益："这些警示被每一朵涌起的海浪诉说着，就好像已经响起的历史的钟声，在威尼斯之石上飘荡。……威尼斯之石庶可以真正触碰那些石头，洞察那些被腐蚀的大理石的崩塌最终摆脱其曾经一度如水晶般闪耀的光芒，庶可以揭示这三个世纪以来欧洲的建筑及其他艺术的堕落，我迄今为止已经不住地暗示我的读者，我的追问庶能为这一重要真相提供有力证明。"

自维多利亚时代起这位作者的洪亮音响持续弥漫于思想界。约翰·拉斯金（John Ruskin，1819—1900）作为19世纪伟大而有影响力的艺术和建筑评论家、社会改革家，其写作涵盖令人眼花缭乱的门类，在60年的文字生涯中，发表了250多种著作，研究绘画、建筑、地质学、政治经济学、社会改革、遗产保护、宗教、戏剧、文学、音乐、神话学、历史等，体裁涵盖散文、诗歌、小说、信件、演讲、论文、宣传册、谈话、日记和自传等。如果不读拉斯金，可能无法了解19世纪的文化轨迹，而这一历史时期的思想方式在今日越来越显示出反省式的价值。传统的断裂持续引发一轮轮复兴，在欧洲，警醒于断裂传统的不可修复性，一众哲学家提出现象学的道路，传统的倾听并未消失于过去，而是同时思考当下。现代对经典文本的重读中，现代建筑学对自身的认知进程，其重要开端涉及尼古拉斯·佩夫斯纳（Nikolaus Pevsner）完成于1936年的现代建筑史名篇《现代设计的先驱者：从威廉·莫里斯到格罗皮乌斯》（*Pioneers of Modern Design: From William Morris to Walter Gropius*）[1]，作者延续其艺术史背景之师承，以黑格尔的历史总体性视角展开解释，将现代建筑运动的世系追溯到了英国的工艺美术运动，这也意味着开启了阅读拉斯金的一道

---

[1] Nikolaus Pevsner. *Pioneers of Modern Design: From William Morris to Walter Gropius* [M]. London: Penguin Books, 1936.

大门。如果说拉斯金是在威尼斯呼吁改革不列颠，那么佩夫斯纳就是在欧洲大陆呼吁赞扬不列颠。现代学者的解读接续性地揭示了拉斯金这位激进的道德家对于工业时代不可缺少的修正作用。阿诺德·豪泽尔（Arnold Hauser）提供了在现代意义上对其思想的又一项认识——社会为艺术的必然性立法："艺术的衰弱从未被认为是社会整体病症的表现之一，这一切始于拉斯金。……艺术是一种社会性需要，没有任何一个国家可以忽视这种需要而甘冒智性缺失的危险……拉斯金将艺术的衰弱归咎于现代工厂、机械化生产和流水线分工，这些使得工人与其劳作的真正关系被阻断，也就是将劳作中的精神部分剔除，并把劳作物从劳作者的手中夺走……现代建筑与工业艺术的合目的性和真实性大部分是出自拉斯金的努力和信条。"① 如其所言，拉斯金以艺术为切口，他影响的正是关于经济、教育、政府职责的社会观念。这种萦绕未去的声音实则是一种提醒，直到21世纪，人们恐怕还远远未解决拉斯金提出的，其门徒威廉·莫里斯（William Morris）也感觉到的工业时代的文化危机问题："我们依然活在这个故事的续集里"②。

　　拉斯金全集多达39卷，浩繁如烟海，其中最受艺术和建筑评论家赞誉之作为5卷本的《现代画家》（*Modern Painters*），这套写作时间绵延17年的著作对艺术家透纳（Joseph Mallord William Turner）和拉斐尔前派（Pre-Raphaelite）的解读奠定了公众对20世纪表现主

---

① 　Arnold Hauser. *The Social History of Arts* (*Volume 2: renaissance, mannerism, baroque*) [M]. London, New York: Routledge1952, Ⅱ , 819-822.

② 　Peter Kidson, Peter Murray, Paul Thompson. *A History of English Architecture* (Rev. edition) [M]. London: Penguin, 1965: 329.

义（expressionism）的理解。拉斯金的建筑学著作《建筑的七盏明灯》（*The Seven Lamps of Architecture*）中的重要篇章"记忆之灯"（The Lamp of Memory）将"年岁痕迹"（age mark）视作建筑的核心价值①，提出讲述故事或者记录事实的粗粝好过没有意义的精细，构成历史保护中关于"修复"（restoration）与"反修复"（anti-restoration）命题论争极为重要的引据之一②；《建筑的七盏明灯》所讨论的主题最后扩展为《威尼斯之石》的三个著名篇章，通过并置哥

---

① 拉斯金关于修复的态度集中在《建筑的七盏明灯》的第六章"记忆之灯"中。在第十六点中他写道："现在，我们回归正题，恰好在建筑学里，添加的与偶然的美通常是与建筑最初特质的保存相矛盾，而如画（picturesque）因此也就在废墟中被找到，并且被认为是指向朽坏之物的。然而，即使如画是这样被找出来的，它只存在于裂痕，或者破损，或者瑕疵，或者植被上，使得建筑本身被同化为大自然的一部分，赋予建筑以周围环境的色晕，从而被人们喜爱。的确，当建筑本身的真正特质逐渐消失的时候，便成为一座如画的建筑，同样，一位艺术家着眼于藤蔓的茎叶却不重视柱子的柱身，比起那些专注于人物的头发而非面容的雕塑家来说更为大胆而自由。但是，在建筑还能展现出自身本质时，建筑的如画或者表象的崇高比起其他无论何种对象而言，体现着建筑更高贵的功能，体现着建筑最伟大的荣光，那就是年岁（age）这一指征；也就是说，这一荣光的外显，比起感官上的美具有更强的力量和作用，所以在这一点上可以认为这些表象特征获得了提升，达到了事物的纯粹性与本质的范畴；在我看来，这些特质是极为必要的，以至于我甚至觉得一座建筑建成后要经历四五个世纪之久才能算达到了最为荣耀的时期。"在第十八点中他写道："不论是公众还是关心古迹的人，都没有真正理解'修复'这个词的意义。'修复'这个词意味着一座建筑所能遭受的最彻底的破坏，在这种破坏里人们再也不能找到任何属于过往的痕迹，伴随这一破坏的还有对被破坏物的虚假描述。让我们不要再在这件至为重要的事情上自欺欺人了，修复是一件不可能的事，就像唤醒死人一样不可能。我之前主张的作为完整的生命力的呈现，那种建筑只有通过工匠的双手和眼睛才能被赋予的灵魂，永远不可能被召回。"在第十九点中他写道："所以我们再不要说修复了。这件事彻头彻尾都是一个谎言。"在第二十点中他写道："无论这一真相是否有人听到，我都不能让真相沉默，对过去建筑的保存与否无关我们的方便与否和喜好程度，我们没有权力对它们加以任何损害。它们并不属于我们，这些建筑部分属于建造者，部分属于我们的子孙。"参见 John Ruskin. *The Seven Lamps of Architecture* [M]. Reprint. Previously published: Sunnyside, Orpington, Kent: G. Allen. 1880. Dover edition, 1989: 193-197.
② Stephan Tschudi-Madsen. *Restoration and Anti-Restoration* [M]. Norway: Edgar Høgfeldt As, Kristiansand S., 1976: 41-51.

特式建筑和文艺复兴时期的建筑挖掘早期艺术对于当代的价值，以此作用于英国自身的文化发展。肯尼斯·克拉克（Sir Kenneth Clark）指出，《威尼斯之石》第2卷第4章"哥特式的本质"（The Nature of Gothic）是引发"哥特复兴"的原因。事实上这一篇章也对工艺美术运动起直接引领作用，《威尼斯之石》崇尚建筑要传达劳动愉悦和手工艺特质，使得建筑具有人手之"体温"，而不是成为机器驯化的奴隶。这一精神通过工艺美术运动得到广泛传播，进一步触发了现代建筑运动。①

《威尼斯之石》何以具有极高的历史价值？如果将其放置在其产生的社会整体语境里去探讨，答案可能就彰明较著了。在1850年的时候，英国成为世界上城市化程度最高的国家，已经有超过一半的人口居住在城镇或者城市里，不再从事单纯的农业。英国城市化进程突飞猛进，却于原本扎根在土地和稳定血缘、地缘关系的社会裙带上演进，造成的境况便是将整个社会置于一个需要不断支撑供需但是福利不稳定的体系之中运转。《威尼斯之石》的写作，不仅接续了《建筑的七盏明灯》中突出历史意识地位的态度，呈现了拉斯金美学思想联结社会问题的有机发展，这本著作更与他对于威尼斯历史的实地调查和对人类文化衰亡更替现象的长期思考相对应，与时代的外部震荡休戚相关。正因为英国在19世纪的剧烈变动，造成了拉斯金逐渐将写作重心从早期的艺术评论转为社会批评，通过对建筑学问题的聚焦，激烈批判当时的资本主义意识形态。这种时代意识使得拉斯金与卡尔·马克思（Karl Marx）有很多接近之处，他们都观察到了工人阶级的

---

① John Ruskin. *The Stones of Venice* [M]. New York: Da Capo Press, 2015: 10.

出现。该书的著名篇章"哥特式的本质"其实偏离了原本讨论威尼斯建筑历史的写作主旨，出现了一个新的主题，就是如何调整社会关系以产生优良的建筑，如何在工业时代中保护人性。

在此章中，拉斯金讨论了工业和劳动者工作环境的问题，他写道："不是因为人们吃不饱，而是因为他们对赖以为生的工作毫无兴趣。因此，财富被视为享乐的唯一手段。人们不会因为上层阶级的蔑视而痛苦，而是无法忍受他们所从事的工作，实质上是有辱人格的劳动，让他们觉得自己活得并不像个人。"如果将拉斯金的描写与工业时期的工厂劳动者进行机械操作的照片结合起来看，很容易理解拉斯金作品中何以产生如此愤怒和哀恸之情。他继续写道："一天能制造出许多别针的确是件好事，但倘若我们能看清针尖是用何种水晶砂打磨的——而人类的灵魂之砂，却需要放大很多倍才能被我们看到——我们应该警醒，人们可能迷失了某些东西。……玻璃珠完全没有必要被生产出来，它的生产过程也不包含任何设计或思想。首先把玻璃拉成棒状，然后人们用力将其切碎，再将碎片投进熔炉中磨圆。负责切碎的工人整天都只能待在工位上，他们的手不断挥动，玻璃珠便像冰雹一样掉落。不管是做棒状玻璃的工人还是打磨碎片的工人，都没有机会行使哪怕丝毫的人权，因此每一个购买玻璃珠的年轻女士，都相当于参与了奴隶贸易。"

1849年8月，威尼斯宣布向奥地利军队投降，该地处于军事管制之下，霍乱流行，拉斯金可能是唯一一个进入该城冒险的英国人，《威尼斯之石》便是在这种情况下写出的。艺术对于社会显示的功能使得拉斯金把危险和现实置之度外了。他记录了威尼斯几乎每一座拜占庭建筑与哥特建筑的细节，写成了超过1100页的十多本笔记，画了

168幅建筑细节图。1851—1853年间写成的《威尼斯之石》，作为19世纪最负盛名的文学作品和建筑学研究成果之一，是在拉斯金忘我的冒险调查基础上产生的。他就此得出一条新的关于如何评判包括建筑在内的艺术作品的结论："任何艺术作品的价值恰恰就在于其中包含的人性总量的比率"，这个规则随后成了一条苛刻的建筑新准则——工艺美术运动的精神基底形成了。《威尼斯之石》这本书对于拉斯金之后角色的转变来说也是关键性的，并成为莫里斯随后倡导的艺术革命之纲领。①

在为建筑艺术的社会必要性立法之外，《威尼斯之石》还包含了许多涓涓溪流，揭示了拉斯金怎样以历史与地理的视角看待威尼斯，认识哥特式建筑的特质，并引向历史保护的整体认知方法。譬如他以动人的笔触这么写道："我们知道，龙胆草生长在阿尔卑斯山脉中，橄榄生长在亚平宁山脉里，但是我们不足以想象出，在鸟儿迁徙的过程中能看到地球表面上多彩的镶嵌图案，一路顺着西罗科风而来的鹳鸟和燕子能看到龙胆草和橄榄之间显著的不同。让我们想象下，当我们比它们飞行的高度还要再高一些时，俯视下面，就会发现，地中海是一片形状不规则的湖泊，静静地躺在那里，所有历经时光变幻的海岬都沐浴在阳光之中。时而火光冲天的大地上盘旋着震怒的闪电和阴郁的狂风，时而火山上萦绕着一圈圈白色的烟雾，灰烬夹杂其中。"

接续"鹳鸟和燕子"的想象视角，拉斯金开始追溯威尼斯历史文化地景最初的成因。他记录道，城市与欧洲大陆之间有一条约三

---

① H. F. 马尔格雷夫. 现代建筑理论的历史，1673—1968 [M]. 陈平，译. 北京：北京大学出版社，2017.

英里①宽的海峡……利多岛隔开亚德里亚海与潟湖，但是防波堤的高度如此之低，以至于人们仍感觉城市建造在海洋的中心，尽管城市的真正方位也可以由标示深水海峡的成组木桩确定。远处起伏的链条，就像是巨型海蛇布满钉子的背脊，在狂风中跳动，波光粼粼，海的平稳不复存在，但是，退潮时海水下降十八英尺②或者二十英尺足以使潟湖的大部分底部显露出来，退潮时，我们可以看到城市耸立在一片暗绿的海草所覆盖的盐化平原中间……他在某种程度上对古时候人们选择的居住地的孤寂感到恐惧，很少有人去思考，是谁最先将木桩敲进沙中，向海中投撒芦苇的种子……如果隔离岛屿的海流再深一些，那么敌人的海军将一次又一次地征服这个城市；如果拍打海岸的波浪再汹涌一些，那么威尼斯建筑的繁华和精致将会被一座普通海港的墙壁和堡垒替代；如果城市的街道更为宽阔，而运河全部涨满水，那么这片土地上的城市也将毁灭殆尽。拉斯金在此处显示出一种深刻的直感能力，对于环境与建筑因应关系的观察实际上对现代建筑师卡洛·斯卡帕（Carlo Scarpa）产生了巨大影响，意即历史场域中的建筑生成须真正重视城市的地理与历史叠印下的空间层累与场所性格。

　　自然而然地，地理环境的限制将会影响建筑材料的选择和使用。威尼斯距离采石场太远，运送过程很危险，于是建筑师决定威尼斯的教堂以砖建造，从此限制了材料的物理形态。建筑师需要决定有限的珍贵大理石的使用位置，多彩的岩石被裁切成马赛克，覆盖到砖墙的表面。对于别国的建筑师来说，进口一船量珍贵的碧玉（jaspers）

---

① 译注：1 英里 = 1609.344 米，后文不再一一标注。
② 译注：1 英尺 = 30.48 厘米，后文不再一一标注。

还是二十船量的白垩石材（chalk flints）；造一座小教堂用斑岩
（porphyry）装点和玛瑙（agate）铺地，还是用毛石（freestone）建
造一座巨大的教堂，可能都是个问题。拉斯金认为这对于威尼斯建筑
师而言，并不构成问题；他们本就是从各个古老辉煌的国家来的流放
者，早就习惯于用建筑废墟来建造自己的家，这么做既出于对过去的
敬畏也出于天然的情感：他们熟谙于把故旧的部分嵌入现代建筑中
去，同时又在很大程度上受益于这样的方式，使得他们的城市如此灿
烂。正是由于"现在"与"过去"的紧密结合，才使得他们的避难所
有了家的感觉。换言之，威尼斯的圣马可广场就代表着一种多次加建
形成的历史累积物，并且包含关于圣马可的动人传说。① 在这里，拉
斯金从历史与地理的视角切换到威尼斯本土的建造传统，自然而然地
提示了历史保护的态度——威尼斯建筑的新与旧的关系是一种不断叠
印、融合了各个时期人类活动痕迹的历史性过程，进一步地，新建之
物附着于传统产生家园的栖居感。

　　如果回到"哥特式的本质"一章中，可以发现关于建筑话题的
教益极为丰富。拉斯金指出，哥特式建筑通过组合各建筑要素获得
生机，清晰地体现了建筑师的个人精神，比如富于幻想、喜好变
化、崇尚丰富性等。建筑外在表现为尖券（pointed arches）和拱顶
（vaulted roofs）等，正是哥特工匠的精神力量及其表现形式，一种
出于喜爱与经双手愉悦劳作的本能表达，使其艺术特质区别于其他建

---

① 圣马可教堂的主体部分分别建于 11 世纪、12 世纪、13 世纪上半叶，哥特式部分建于
14 世纪，圣坛建于 15—16 世纪，镶嵌画建于 17 世纪，整体上则以拜占庭风格为主。关于
圣马可教堂的传说中称 9 世纪威尼斯人得到了圣徒圣马可的遗体，认为他是威尼斯的守护
神，某种意义上将他看成威尼斯的第一位主教。

造风格。哥特式建筑的特征或者精神要素按其重要性可以分为：1）野蛮粗犷（savageness）；2）变化多样（changefulness）；3）自然主义（naturalism）；4）奇异怪诞（grotesqueness）；5）坚硬羁直（rigidity）；6）重复冗余（redundance）。其中，关于第一点"野蛮粗犷"，拉斯金意指哥特工匠所能创造的形式难看、僵硬，却有着奔放的生命，如狂风拍击般强烈，如遮蔽的云朵那样变化多端。人类正是如这般爆发出自强不息的精神，展现出身体和心灵上的坚强品质。即使哥特工匠的作品有缺陷，但是谦虚、合理，饱含对真实的热爱。关于第二点"变化多样"，拉斯金意指哥特工匠偏爱新颖，容许千变万化，常常大胆发明诸如窗花格等。作为并置比较的文艺复兴建筑因此被拉斯金批评为艺术的堕落，因循守旧直接引发人心的懒惰，艺术品格的衰弱进一步导致民族生命力的枯竭，最终导致威尼斯繁荣时代的终结和毁灭。虽然这样的批评未免过激，在此并置哥特式建筑与文艺复兴时期的建筑带来的更大启发是，我们常常会将拉斯金误认为是一个活在过去、捍卫传统的人，但实际上，《威尼斯之石》却一而再再而三地指出建筑创造的重要性，拉斯金并未否定当代建筑师作为主体创造者的价值，而是通过哥特工匠勇于创造的精神导向一种活泛的思想方法，即了解历史、保护遗产的最终目的都是更好地服务于当代人的创造。

更重要的是，对于工业时代里怀旧情绪的出路，拉斯金也从未迷失，他非常清晰地在《威尼斯之石》中指出，摆在我们面前的任务并不容许任何臆测。浪漫色彩在那个世纪颓丧无力，尽管颇具特色，但事实上无力拯救，只能如攀缘花那样作为粉饰辉煌时期所攀附的遗迹。如果我们想要看到它们凭借自身的力量屹立的样貌就必须剥去这些宏伟的残片。这些情感无用又让人着迷，它无力保护威尼斯，甚至连辨析它们自己所依附的事物也做不到。被拿来作为现代小说和戏剧发生背景的威尼斯已经躺在了过去里，全盛时期的辉煌成为历史，"像一场舞台蒙在第一缕微光中掩埋于尘土之下""我们的任务将是去拾遗、搜集、把失落的城市碎片修复"。对于拉斯金而言，这些大大华丽于今日的过往，并非出自王侯的白日梦，也并非出自贵族的奢靡情调，而是出自坚强的双手和具有耐力的心灵，以抵御自然的侵害，承受人类的怒火，如果人们的想象力匮乏，威尼斯断不能拥有这些奇迹，只有敢于洞穿荒野孤寂景象下的本质的人才能获得这一生命力。生生不息的潮水和连绵的沙石荫蔽威尼斯，使其真正地生长，从未想要她臣服，正如另一个消亡了的国度，"泰尔……先知面对满是陌生人的城市曾经道出预言。在今日仅仅被当作一支可亲的乐曲，我们充耳不闻其凌厉之处"。

拉斯金告知我们"过去"是永久的，如果我们在意它们的话，所有的历史都是紧紧绑在一起并且是混合的。就批判力度而言，《威尼斯之石》相对于《建筑的七盏明灯》更是一份饱含警示的历史记录，其思想方法和历史态度比《现代画家》显得更为系统和连贯，且具有历史雄辩性的力量。整本书一丝不苟地记录威尼斯的哥特式建筑——墙壁、门、窗、柱头及装饰等，而这种记录威尼斯建筑的方式延续了拉斯金在《现代画家》中对于透纳画作研究的方式，忠实描绘一片叶子、一块岩石和一条小溪……对于拉斯金而言，威尼斯是一个反映欧洲城市艺术、宗教发展到顶点的代表，但同时兼具最令人怖畏的人类衰弱根源，这一研究直接导向了对当时建筑学原则的反思。同时，拉斯金坚持以一种平行的写作方式，并置威尼斯的繁盛与威尼斯的衰弱，前者华丽繁盛，后者接踵而至，光荣岁月曾在13—14世纪，依靠于一种具有秩序的基督教信仰的正义。随后威尼斯出现了骄傲、放纵与贪婪，而威尼斯的文艺复兴表面绚丽的呈现，只能够预示精神价值的堕落与现世王权的衰落。最终，威尼斯成为一个堕落的城市，被死亡侵袭，它最终出现的怪诞艺术是"某种糟糕情况"的曲折反映。

写完《威尼斯之石》后不久，拉斯金逃离了个人不幸的婚姻生活，接续青年时期的足迹游历欧洲，他还进一步写了《给未来者言》（*Unto This Last*）、《芝麻与百合》（*Sesame and Lilies*）、《风之女王》（*The Queen of the Air*）等，拉斯金揭露的威尼斯的黑暗岁月与他这一时期自己所经历的黑暗也有一定的呼应。但是拉斯金不依不饶，坚持寻求最初是什么使得建筑成其伟大，并探寻保持人类旺盛创造性和生命力的秘密，正如他在书中的吟唱："最初那时，当木桩钉入沙中时，在屋顶的庇护下，家园中的火炉依然将天空照得通红；最初那时，在密实的高墙之内，在波涛无尽的呢喃中，当海鸟的翅膀撞击岩壁时，陌生的古老歌谣回响：海洋属于他，海洋由他创造；他的手又造出大地。"

"如果拉斯金先生是对的"，在《威尼斯之石》于1853年问世后不久，一位当时的评论者这么写道，"所有建筑师，以及所有过去三百年的建筑学教育，就都是错误的。""确实如此"，在该书再版中拉斯金如此作答，"这一点是我一而再再而三重申的要义。过往三百年的建筑师都错了，从根源上无一例外，统统错了。此即我努力证明的事情，并贯彻于《威尼斯之石》的始终。"①

---

① John Ruskin. *The Stones of Venice* [M]. New York: Da Capo Press, 2015.

　　《威尼斯之石》在那时寻得的理解并不让拉斯金本人感到满意，尽管每个人都称赞他行文的方式，但他认为没有人真正理解他的词句，"字斟句酌下对字里行间的领会仅仅限于悦耳的曲调"。他觉得更为糟糕的恐怕不是"缺乏对言辞的鉴赏，而是无法体会字词之后的深意"。当时大部分读者，领会的是书中相对不重要的部分，很多建筑师"用黑的、红的砖点缀工厂的烟囱，用威尼斯窗花格装饰银行和衣料店"。在布伦特福德[①]，拉斯金吃惊地发现了一件采用意大利哥特盛期风格的作品，"建筑师阅读了《威尼斯之石》第三部分的知识并予以运用。如果这项现代砌砖工程建在维罗纳，毗邻坎格兰德[②]之墓也无甚不和谐之处。可是，这件美好而真实的砖砌作品却仅仅作为一座酒吧的门廊使用，它的全部动机是引诱买醉和鼓励懒惰。"对拉斯金来说，这一不幸现实展现的是与"文艺复兴这种有害的艺术"的斗争失败，当设计银行和布料店的当代建筑师拿起画板时，忘记了现实，梦想回到卫城或罗马，却无一丁点良心不安。[③]

　　今天的读者可能很愿意了解引发这种激烈争论的具体动因是什么，今天的建筑学是否还留有其思维痕迹和参照价值。此外，读者可能也愿意留出一段充足的时光来接受拉斯金这位伟大老师的教诲，或者至少体会到当代对他的某些观点是"正确"的：无论拉斯金曾经说过的话有何价值，他论证的方式都具有绝对的说服力，而这种说服力

---

① 　布伦特福德（Brentford），伦敦西部一处市镇。
② 　坎格兰德指斯卡拉大公一世（Cangrande della Scala, 1291—1329），维罗纳著名的统治者和政治家，曾经庇护过但丁（Dante Alighieri）。拉斯金的绘画作品中包含一幅对维罗纳斯卡拉大公一世墓穴的速写，墓穴采用哥特式风格，绘于 1869 年。
③ 　John Ruskin. *The Stones of Venice* [M]. New York: Da Capo Press, 2015.

本质上来自深植在心的忧患之情。

《威尼斯之石》也许是19世纪这一具有思想革新意味的时代里非常好的历史研究之一，当然也一直是令人好奇的建筑学著作之一，对于今天的读者来说，因其自身的文字重量和时代隔阂几乎被完全遗忘是非常遗憾的，因此篇幅合适、择要选出的译本将是重启阅读的第一步。百年前，在《威尼斯之石》初次出版后，拉斯金自己也意识到，四十五万字的全文太多了，即使"对少数不受影响的读者来说，他们仍然在努力通读原文，并希望理解此书"。为了更广泛地获得读者的理解，拉斯金在1877年出版了一部摘要版，设法把此书缩短到原篇幅的三分之一到四分之一，约十四万字。第Ⅰ卷内容被拉斯金删去了，但该部分对提倡建筑师自己动手这一原则作了引人入胜的阐述，是建立建筑判断标准的必要内容。更糟的是，1877年摘要版删去了此书最为精华的"哥特式的本质"一章①，文艺复兴相关章节则未删减，索引占据了总篇幅的三分之一。综上考虑，本中译本的章节选取参照拉斯金全集图书馆版（library edition）、杰弗逊节选版（Jefferson edition），以及林柯斯节选版（J. G. Links edition），还原了拉斯金摘要版中虽被删减，但依然有当代阅读价值的部分。对于这一代学习者而言，近三十年尤其累积了新一轮从西学找出路的理想，而实际上

① 1892年，通过自己主办的凯尔姆斯科特出版社（Kelmscott Press），莫里斯单独再版了《威尼斯之石》中的"哥特式的本质"，并为之写了前言，作为受到深刻影响的青年一代向拉斯金致敬："对于我们其中的一些人而言，当我们在许多年前第一次阅读此书的时候，它好像就指明了世界该向何处进发的崭新道路"。肯尼斯·克拉克爵士则称《威尼斯之石》为"19世纪写就的高尚的文字之一"。参见 Edward Tyas Cook, Alexander Wedderburn. *The Works of John Ruskin* (*Volume 10: The Stones of Venice 2*) [M]. Library Edition, London: George Allen, 1903-1912: 460.

当下提出问题、关注问题、思考问题的进路和理路都深受各类西学研究积累所规定，智识阶层处在中西古今的碰撞磨合里，中华文化的身份与主体性一直是关键问题所在。今日重读诸多西学经典，并非专门渲染某一种西学思潮，而是希望通过选译拉斯金最有启发的部分，便于读者领会如何在错综复杂的问题场域提问和解析，对历史文化拥有自觉的思考能力，以有助于今日思索传统和现代、古典文化与当代处境这类复杂的问题。

本书的翻译与研究工作得到译者所属团队同济大学建筑与城市规划学院常青研究室的宝贵支持，中国科学院院士、同济大学建筑与城市规划学院教授常青先生是译者在同济大学攻读博士学位期间的导师，对译者关于拉斯金遗产价值理论的研究给予了一系列珍贵的指点，并对译者博士后期间的相关研究工作继续给予了大量帮助和鼓励。本书及相关研究获得国家自然科学基金青年基金项目（52108026）资助。

潘　玥

二〇二二年四月于上海寓所

# 目　　录

---

## 第Ⅰ卷　基　础

---

# 第 Ⅱ 卷　大海的故事

# 第 Ⅲ 卷　衰　落

# 第Ⅰ卷 基 础

# 第一章　采石场

自从人类最初的统治越过重洋，三种权力形态标志性地扎根于他们的土地：泰尔①、威尼斯，以及英格兰。泰尔的统治现在只剩下回忆；威尼斯只剩下废墟；英格兰，继承它们的伟大之处，如果忘记这些先例，一样会从骄傲的荣光堕入可悲的灭亡。

泰尔的崛起，犯下的罪孽，以及接踵而至的惩罚被一一记录，其中最让人感动的句子来自以色列人，这位先知面对满是陌生人的城市曾经道出预言。在今日仅仅被当作一支可亲的乐曲，我们充耳不闻其凌厉之处：泰尔的陨落如此深重，真相则被蒙蔽，在阳光与大海之间，石头褪去颜色。最终我们忘记了它们曾是这样的石头：来自"伊甸园，上帝的乐园"。

延续泰尔，威尼斯有着无可挑剔的美丽，虽然统治时间较短，在最终走向衰亡的那个时期，还是留了几许深长的意味供我们这代人领悟：尘海之上的幽灵，如此孱弱，如此静谧，一切都被尽数剥去，除

① 译注：泰尔（Tyre），也译作推罗、苏尔、蒂罗尔、提尔，位于地中海东部沿岸，为古代海洋贸易的中心，今属黎巴嫩。

3

了她的甜美，潟湖上的幻影在微弱地闪耀，让我们疑惑，到底哪一处是城，哪一处是影。

我将致力于追寻此胜景在彻底消亡前余下的踪迹。我要记录，尽我所能，这些警示被每一朵涌起的海浪诉说着，就好像已经响起的历史之钟声，在威尼斯之石上方飘荡。

面对这座陌生而强盛的城市，在对她过往历史的研究里，我们很难再获得教益：尽管无数编年史家为之努力，但其历史仍然保持着模糊而饱含争议的外轮廓——明暗相间，就像汪洋之上的那片远处海平面，海浪在那里与沙滩和天空全然交织，连为一体。我们的探寻很难使这一轮廓更加清晰，但考察将多少有益于打开视野，就其使命而言，这些探寻拥有一种远高于建筑学研究的志趣。也许在本书的开篇，寥寥数语有助于读者明了我的想法，此要义即威尼斯艺术通过所有的现存表达展示其性格，威尼斯真实历史中包含的教诲之广，远高于围绕其神秘过往的坊间寓言。

威尼斯通常被认为由寡头政治集团统治：在历史中确实有一半时间如此，包括其衰落时期；在这里出现首个需要仔细研究的问题，威尼斯的堕落是否因统治形式更替引发，或者说是由于构成统治集团的那些人变了——精神气质的下沉最终造成整个国家的灭亡。

从威尼斯的第一个领事政府成立于里亚尔托岛，至法军意大利方面军司令宣布威尼斯共和国终结，威尼斯城存在了1376年。在这一时期里，威尼斯曾有长达276年的时间属于古威尼西亚城治下，归于帕多瓦城。灵活的民主形式维持着威尼斯的治理，由各主岛屿的居民共同推选威尼斯的执政官。600年间威尼斯的国力不断增强，其执政体的元首在此期间一直是经过选举产生的。至少在早期，威尼斯的国王或者总督与欧洲任何一处君主一样，有着相当程度上的自主权。但是由于特权的扩张，总督的自主权日益缩减，最后积攒为威尼斯幽灵般无力的"辉煌"景象。顶着君王的高贵仪容，最后的贵族政府维持了500余年的统治，威尼斯的活力如同成熟的果实一般，被摘取，被耗尽，直到彻底断了气。①

为了便于理解，威尼斯的历史可被划分为两个时期：第一个时期长900年，第二个时期长500年，这一划分是以"西拉尔·康塞里奥"为依据，结束了由平民中产生贵族的历史。此后的政府力图排除平民对权力的威胁，另一方面也限制总督本人的权力。②

长达900年的第一个时期，展现给我们一幅生动的场景，一群人如何致力于从无政府状态里寻求秩序和权力，选出他们之中最值得尊敬的高贵之人成为总督或执政官，让其治理威尼斯，以总督为中心的贵族阶层逐渐形成，这一群体又继续从中选出他们的总督。这些家族的人，有的时候是因为偶然抽中了一个数字，有的时候是因为具有一定的影响力，有的时候是因为持有巨额财富，最后被选为总督。但总之，从来自古威尼西亚的难民里，威尼斯总督就被这么选了出来。逐渐地，通过这样一种统一形式和英雄主义，威尼斯产

① 公元421年3月25日为威尼斯建城日。公元687年产生了第一任威尼斯总督，建立了威尼斯共和国。1797年法国同奥地利争夺意大利，时任法军意大利方面军司令的拿破仑在意大利战场取得胜利，威尼斯共和国灭亡，根据《坎波福尔米奥合约》被割让给奥地利。如按威尼斯城邦421建城，1797年共和国覆灭计，其治长1376年，威尼斯在1866年被并入意大利王国。
② 西拉尔·康塞里奥（Serrar del Consiglio）指封闭议会，威尼斯总督原由选举产生，按照卢梭《社会契约论》第三卷原注1的解释，12世纪的威尼斯存在一个大议会和一个小议会，此外还有民众大会，但已逐渐丧失实权。1334年，十人议会成为永久机构，从此平民被剥夺参与统治的权利，威尼斯的政体遂变为寡头制。

生了独立的政权。

第一个时期包含威尼斯的崛起，其最高的成就，以及决定其在欧洲权力格局中的特点和地位之种种环境因素。此时期所及，正如我们所期待的，可以找到她所有英雄王子的名讳——皮特罗·乌塞洛、奥达拉夫·法列尔、多梅尼科·米切利、塞巴斯蒂安诺·齐亚尼和恩里科·丹多洛。[①]

第二个时期的头120年里发生了威尼斯历史上重大的事件，也是其生命中遭遇的最深重争斗——谋杀卡拉拉上尉，留下历史上最为黑暗的罪恶印记——威尼斯政局动荡，叛国者法列尔的阴谋被致命的基奥贾战役阻止，两位高贵的城民（这个时期城民的英雄主义代替了君主的英雄主义）韦托尔·皮萨尼和卡洛·泽诺重拾光荣。[②]

威尼斯的陨落始于卡洛·泽诺去世之时，1418年5月8日；其至为高贵和智慧的子孙托马索·莫塞尼格总督于五年后去世，威尼斯的衰弱过程便紧随其后。接下来是弗斯卡里总督的统治时期，因为瘟疫和战争的原因，这一时期愁云惨淡。因为制定了一系列或高明或侥幸的策略，在伦巴第的战争中威尼斯赢得了大量领土。在克雷莫纳波河流域和卡拉瓦乔沼泽附近的战争，留下历史上无可磨灭的耻辱。威尼斯是信奉基督教的第一个国家，在1454年受到来自土耳其人的打击：同

---

① 皮特罗·乌塞洛（Pietro Urseolo）、奥达拉夫·法列尔（Ordalafo Falier）、多梅尼科·米切利（Domenico Michieli）、塞巴斯蒂安诺·齐亚尼（Sebastiano Ziani）和恩里科·丹多洛（Enrico Dandolo）均为威尼斯历任总督。

② 1405 年帕多瓦被并入威尼斯领土，领主卡拉拉（Francesco II da Carrara）在威尼斯被处死。1355 威尼斯总督马里·法列尔（Marin Falier）因阴谋煽动叛乱被处死。1379—1380 年威尼斯与热那亚爆发基奥贾战役（the war of Chiozza），在韦托尔·皮萨尼（Vittor Pisani）和卡洛·泽诺（Carlo Zeno）两位英雄城民的军事指挥下，威尼斯共和国获胜。

年，威尼斯共和国建立"国家裁判所"，以不可告人而背信弃义的方式维持统治。1477年，奥斯曼帝国入侵，潟湖沿岸处于阴云之中。1508年，康布雷联盟成立，标志着威尼斯政权的衰弱。15世纪末威尼斯商业上的繁荣景象使得历史学家忽视了种种衰弱征兆：威尼斯自身的活力在逐渐丧失。①

欧洲所有建筑，无论优劣新旧，均经罗马传播，源于希腊，来自东方的影响使建筑色彩斑斓，形式趋于完善。建筑历史无非是追寻由这一起源派生出的各类形式及其流变。基于对这一点的理解，诸君如若紧紧掌握这一重要线索，便可把各式各样的建筑像串珠子一般连起来。多立克柱式和科林斯柱式是所有建筑的根基。所有罗马风的，以及其他柱式建筑——诺曼、伦巴第、拜占庭，任何叫得出名的建筑类型无不最初源于多立克。所有哥特式建筑——早期英格兰、法国、德国，以及塔斯干建筑最初多源于科林斯。就我们观察到的总结如下：古希腊人发明柱子；罗马人发明拱；阿拉伯人进一步发明尖拱并加上丰富的叶状层次。柱子与拱，作为建筑的基本构成方式，也是其力量之显现，均起源于雅弗的族群：灵性与神性来自闪、亚伯拉罕和伊斯梅尔。②

---

① 1413—1423年，托马索·莫塞尼格（Tommaso Mocenigo）任威尼斯总督；1423—1457年，弗兰切斯科·弗斯卡里（Francesco Foscari）任威尼斯总督。1454年威尼斯曾与奥斯曼帝国缔约，1463年与其交战，1479年威尼斯对奥斯曼帝国战败，双方签订合约。1508年西班牙、法国、神圣罗马帝国同教皇结成的康布雷（Cambrai）联盟击败威尼斯，其领土日蹙。
② 据《圣经》记载，因为人类的罪恶，神决定用洪水灭绝人类，诺亚按照上帝的要求造方舟，留下了诺亚和他的三个儿子雅弗、闪和含及其妻子一家八口。雅弗的后裔包括希腊人、色雷斯人等，雅利安人也被认为是雅弗的后代。闪传统上被认为是闪米特人的祖先，后代包括阿拉伯人、犹太人及叙利亚人等，亚伯拉罕被认为是闪的后裔，伊斯梅尔则是亚伯拉罕之子。含的后裔包括迦南人、埃及人等。

希腊人很可能是从埃及人那里学习如何使用柱子，我不在意读者脑海里是不是知道柱子更早的起源。大家需要注意的是，初期完善柱子形式时的参照是什么。随后碰巧发现，要是希腊人从埃及人那里学到了多立克柱子，那么地球上三大家族都曾对建筑作出了贡献：含的后裔服务于众人，发明了提供支撑的柱子；雅弗的后裔发明了拱，闪的后裔则赋予柱子和拱灵性。

我已经说过的两种柱式，多立克柱式与科林斯柱式，是欧洲建筑的根源。你们或许听过五柱式，但实际上从来就只有两种真正的柱式，就算世界末日来临也不会出现第三种。一种柱式上，装饰是凸出来的，如多立克、诺曼等。另一种柱式上，装饰是凹进去的，如科林斯、英格兰早期、装饰式等。过渡形式上则出现装饰性直线，兼具两者的特点。所有柱式都来源于此二者，无论这些形式多么如梦似幻，奇形怪状，变化多端。

希腊建筑及其两种柱式，被罗马人笨拙地复制并发展了，没有值得一提的成就，罗马人的改进并不恰当，多立克柱式被弄得面目全非，科林斯柱式则变得繁复，充斥着诡谲的幻想，直到他们开始广泛地应用拱。接着基督教开始施加影响，将拱为己所用，柱头被施以大量装饰，作为获得愉悦的方式：新的多立克柱式代替了遭到罗马人破坏的原柱式，对于整个罗马帝国似乎都奏效，建筑师使用最为便捷易得的材料，竭尽全力表达对基督教的崇拜，呈现其瑰丽之态。这种罗马基督教建筑实际上是这一时期宗教精神最纯粹的表达，充满激情，也十分美丽——尽管并不完美，因为具有孩童般热烈的想象力而光彩夺目，但在很多方面完全无知。在君士坦丁治下，博斯普鲁斯海峡、爱琴海和亚得里亚海岸，人们都奉行对偶像的崇拜，信奉永生。建筑进入了一种恒定的形式——一种奇特的、镀金的、防腐的长眠状态，就像它所表达的宗教一样——若不被打搅，或许可以永远保持这种状态，但它注定要被暴烈地唤醒。

这个衰落帝国的基督教艺术有两大分支，西方与东方。一处以罗马为中心，一处以拜占庭为中心，前者可称之为早期基督教罗马建筑，后者由富于想象力的希腊工匠建造打磨，可称之为拜占庭建筑。但是，我希望读者眼下能够在脑海里区别出这两种艺术，记住最为重要的一点是它们原是同一种艺术。换言之，它们都是古罗马艺术的真实发展及其衍生，自泉眼源源不歇地流出，总是由最为优秀的工匠——意大利人和希腊人建造；因此，这两大分支都可以归入基督教罗马建筑这一总称，这门艺术在帝国衰落的过程中失去了异教徒艺术的精致感，但是也被基督教提升到了为更崇高的目标服务，同时也因为受益于希腊工匠的想象力发展出了更为明快的形式。读者可以这么认为，这种艺术在帝国的所有中心省份以各种派生方式延伸，根据其与教权的接近程度，它们在不同程度上完善了该艺术的方方面面；这种艺术模仿宗教，依赖于宗教具有的力量来体现活力和纯洁性，当这种宗教自身的活力和纯洁性逐渐消失时，建筑也随之失去了活力，陷入了无力的停滞之中，虽然没有丧失其优美，但是它变得麻木了，不再能够触发进步和变化。

与此同时，建筑也走向新生。在罗马和君士坦丁堡，以及其直接控制的地区，血统纯净的罗马艺术趋于完善，某种不甚纯粹的形式——罗马地方建筑语汇——由下层工匠带到偏远的省份；对于罗马地方建筑语汇的粗糙模仿在帝国版图上不甚开化的城邦间流行。城邦虽然野蛮但十分年轻，生命力也很旺盛，在欧洲的中心地区，精妙纯粹的艺术则陷入优雅的形式主义，它被自己限制住了，结果野蛮的外省艺术逐渐强盛，趋于壮大。因此，读者可将这一历史时期里的艺术宽泛地分为两股流向：一股拥抱罗马基督教艺术，朝向精巧凝滞的方向发展；一股经历了早期演化，随后在帝国的边缘省份或者那些名义上属于帝国的地方，热情地模仿罗马的地方艺术。

有些野蛮城邦较少受到罗马艺术的影响；当它们翻越阿尔卑斯山时，就像洪水猛兽般来袭的匈奴或东哥特人，他们混入虚弱的意大利人之中，带来了强健的气息，在建筑的物质表征上则没有产生影响。但在其他地方，不论是帝国的北部还是南部，从印度洋的沙滩到北海的冰川，都受到新的影响。在北部和西部地区，建筑受到拉丁人影响，而在南部和东部地区，建筑受到希腊人影响。两处最为杰出之地展示了其分支发展的重要成就。当中央帝国的力量黯然失色时，权杖的反光凝为最后的丰盈；感官享受和偶像崇拜完成了使命，帝国的宗教沉睡于金碧辉煌的墓穴之中，在地平线两端新的光亮初露，伦巴第人和阿拉伯人手执长剑，在帝国金灿灿的麻痹之躯上凶猛挥舞。

伦巴第建筑将强健的组织带给基督教世界，让其无力的心灵具备胆识；阿拉伯建筑惩戒针对偶像的崇拜，宣告崇拜应当具有精神意味。伦巴第的每一座教堂都刻满描绘人类行动的雕塑——狩猎与战争。阿拉伯的庙宇中去掉了所有关于生命活动的想象，以宣礼塔证明信仰："并无它神存在，只有真主恒一"。辉煌力量之两处来源，两者的特征及目的截然相反：一个来自北方冰川，一个来自南方岩浆，流淌交汇于罗马帝国的遗骸之上；争夺的中心也是最终休战之处，一个残骸堆积的海湾，涡流死水汇集之地，此即威尼斯。

威尼斯公爵宫包含三大建筑的要素，所占比例几乎等量——罗马式、伦巴第式、阿拉伯式。因此，公爵宫是一座站立于世界中心的建筑。

现在读者将开始了解，研究一座城市的建筑其重要性在于何处，以建筑为中心大约七八英里的范围里，充满了世界上三大优秀建筑的角逐——每一种建筑都代表着一种信仰，甚至包含自身的偏差，但三者之间具有必要的互为修正作用。

接下来，我将对从罗马建筑演变而来的北部建筑和南部建筑的形式予以区分：这里必须根据其特征命名两个伟大家族。基督教罗马建筑与拜占庭建筑使用圆拱，柱子体系具有良好比例；柱头则模仿自罗马古典建筑；线脚多少也是如此；大部分墙面都装饰以图像、马赛克镶嵌画和壁画，描绘圣经历史或宗教符号。

阿拉伯建筑的早期风格保留了拜占庭建筑的主要特征，伊斯兰教教主哈里发雇用的工匠均来自拜占庭。但是随着建筑的发展，阿拉伯建筑很快借鉴了波塞波利斯和埃及的建筑风格，柱头和柱身上出现丰富的变化。为了引发兴奋感，将圆拱扭曲成夸张的叶状尖拱；去除动物图像装饰，发明了一种新的装饰方式，称为阿拉伯花饰，以代替前者。这种装饰并不大面积使用，而是用在他们感兴趣的个别部位上，大面积的装饰采用水平色带，表达沙漠的层次。他们保留了穹隆并加上了宣礼塔。所有这些改变都使得阿拉伯建筑臻于完善和精巧。

伦巴第建筑的变化更有意思，它们对建筑的改变在骨架上甚于装饰。按照我的看法，伦巴第建筑代表了北部蛮族城邦的整体印象。我认为伦巴第建筑一开始是以木结构模仿基督教罗马教堂或者巴西利卡建筑。即便不对巴西利卡的整体结构作一番检视，读者也很容易发现它的主体特征：巴西利卡建筑都有一个中殿和两个侧廊，中殿要比侧廊高，并且在侧面由一排柱子将中殿与侧廊区分开来，这些柱子支撑着由侧廊升起来的墙身或实墙，形成了中殿高于侧廊的高侧窗，并由木结构的双坡屋顶覆盖其上。

在罗马建筑中，高处无窗的实墙是由石头建造的；但在北方木结构建筑中，无窗的实墙在中殿立柱上方通过水平的木板或者木料搭接，本身是使用木质材料的。现在，立柱部分要比其余木料厚，于是形成了中殿柱墩上的垂直方形壁柱。当基督教开始扩张，文明开始进化时，这些木结构被代之以石头建造，但是它们其实只是真实地被以石头的方式表达了，这些石块上依然存留着当它们还是木结构时的形式。中殿柱墩上的壁柱被保留在这些以石头建造的大型建筑物中，并且成为北方建筑的首要特征——拱柱。这种形式在7世纪的时候由伦巴第人带去意大利，在米兰的圣安布罗吉奥教堂和帕维亚的圣米凯勒教堂里保留至今。

当拱柱开始起到支撑高侧墙的作用时，为了中殿柱子的承重，新的元素开始加入。大约两到三根松木树干组成一根柱子，产生了束柱最初的形式。当中殿柱墩以十字交叉的形式布置时，出现拱柱的重叠布置，在门廊的柱子与窗洞的间隔部位上也开始出现束柱。因此，以伦巴第建筑为代表的北方建筑，其整体风格可被描述为粗犷而不失雄伟，圆拱配以束柱，并增加了拱柱，充满了描绘生动人物和奇幻魔法的大量雕塑。

伦巴第那一支苦寒的川流，以及后来的诺曼的河流，在它们所经之处留下漂泊的石砺，在它们自身范围之外并未影响南部地区。但是阿拉伯炽热的岩浆，即使它停止流淌，也使得整个北部空气变得温暖，整个哥特式建筑毋宁说是北部地区的艺术身处这一影响下不断地自我完善与精神化的历史。世界上最为高贵的建筑，比萨罗马式风格、托斯卡纳哥特式风格、维罗纳哥特式风格，均是受到伦巴第建筑密切而直接的影响发展出来的。北部地区丰富多样的哥特式建筑，正是伦巴第人最初带去意大利的那种风格在阿拉伯间接影响下的产物。

我们大致了解了欧洲建筑风格的形成过程，在理解威尼斯建筑的历史时就不会有很大的困难。如我所说，威尼斯艺术的核心不能简单看作罗马建筑、北部建筑和阿拉伯建筑在同一个时期的聚集和凝缩。最早的元素其实是纯罗马基督教风格的，这种艺术在威尼斯已经所剩无几。如今的威尼斯城在早期是伊松佐河到阿迪齐河之间一串滩涂岛屿上的聚落而已，直到9世纪初才有了地方政体。托切罗大教堂在整体形式上是罗马基督教风格的，11世纪的重建在很多细节上显示了来自拜占庭工匠的影响。托切罗大教堂、托切罗圣福斯卡教堂、里亚尔托圣雅科莫教堂，以及圣马可大教堂的地下墓穴，共同构成了一类建筑，反映出拜占庭在当时的影响还是较为微弱的；它们代表了威尼斯早期的建筑形式。

总督府邸于公元809年搬到威尼斯，过了20年，圣马可的圣体从亚历山大港运来。圣马可第一座教堂获得的圣物来自亚历山大港被摧毁的教堂，其建造毫无疑问是在模仿那座消失的教堂。在9世纪、10世纪和11世纪期间，威尼斯的建筑看起来都是按照同一种风格建造的，与处于哈里发影响下的开罗建筑十分类似，称之为拜占庭建筑或者阿拉伯建筑并无差别；因为这些工匠都是拜占庭人，阿拉伯裔的主人被迫使用新的风格，也把这种新风格带去足迹所及的世界各处。

伴随这种风格，产生了一种过渡风格，带有更显著的阿拉伯建筑特征：柱身更为纤细，拱顶逐渐变尖，不再是圆顶，柱头和线脚产生了丰富的变化。其诸多特征无一例外走向世俗化。借用阿拉伯住宅美丽的细部，同时勉为其难地将清真寺的做法搬到自己的基督教堂上，这对于威尼斯人来说却是自然而然的事情。

确定风格的起止时间非我所能及。这种风格与拜占庭建筑几乎同期，但其流行却来得更长久。风格确立的标志性年份可能是1180年，在威尼斯广场上矗立的一对柱子的柱头上包含了威尼斯过渡建筑过渡风格的主导要素。而在威尼斯几乎每一条大街上，都能发现这一过渡风格在住宅上得到广泛使用。

威尼斯人总能从敌人那里学到东西（否则威尼斯就不会出现阿拉伯建筑艺术）。但是，尽管伦巴第建筑很早就在意大利本土施加影响，威尼斯人对伦巴第人的恐惧与仇恨却阻止了这一风格在威尼斯的发展。虽说如此，尖顶哥特式建筑的奇异风格开始出现在基督教建筑上。它的出现似乎是一种伦巴第-阿拉伯式建筑风格的微弱反映，取得一些发展后，融入了威尼斯-阿拉伯式建筑风格，此后显示出明显的亲缘关系，甚至难以识别出阿拉伯尖顶拱和哥特早期风格影响下的建筑有何不同。例子有圣贾科莫·德奥里奥教堂、布拉戈拉的圣乔瓦尼教堂、卡米尼圣母教堂等。但在13世纪，方济会和多明我会既带来了新的宗教伦理也带来了新的建筑形式，这种建筑已经具备清晰的哥特风格，很有意思的是这一风格也来自伦巴第地区和北部（可能是日耳曼）地区；圣保罗地区的大量教堂加上圣方济会荣耀圣母教堂，展现了这些建筑风格的影响力，并很快融合了威尼斯-阿拉伯风格。但是这两种建筑体系从未真正统一。威尼斯制定的政策试图抑制教堂受到的这一影响，但是艺术家却拒绝这样做。从那以后，这座城市的建筑分为两类：基督教建筑和民用建筑，西部哥特不甚优雅却有力的建筑风格几乎遍布半个岛屿地区，在某些具有地方特征的线脚里可以感受到威尼斯式的本土情感。在数量上，更多的是那种丰富的、奢华的、原创性的哥特风格，逐渐形成了从威尼斯-阿拉伯建筑风格发展出来，受到多明我会和圣方济会建筑影响的建筑风格，特别体现在阿拉伯形式上嫁接圣方济会建筑最为生动的特点——窗花格。一方面这种风格在圣约翰教堂、圣保罗教堂、圣方济会荣耀圣母教堂及圣斯蒂法诺教堂等宗教建筑上有所体现，另一方面公爵宫、哥特式宫殿也显示出威尼斯世俗建筑的风格，在文章第三部分会继续对此加以讨论。

现在可以观察到，威尼斯这种过渡期的建筑风格（很大程度上是阿拉伯风格）在1180年达到鼎盛，此后慢慢转变为哥特风格，在13世纪中期到15世纪初期为纯净哥特风格时期；也就是说，正好与我所说的威尼斯生命周期的中心时期相当。我认为威尼斯的衰落始于1418年；5年后弗斯卡里成为威尼斯总督，在他治下的这一时期实际上是具有某种标志性意义的，菲利普·德·科明尼斯的正典所记录的建筑出现了显著变化，伦敦圣保罗教堂、罗马圣彼得教堂，以及威尼斯和维琴察的建筑被普遍认为是那个时期最为高贵的大型建筑，而此后欧洲艺术的方方面面都开始衰退。

这种变化首先表现为世界各地的建筑失去了真实性和活力。不管是南方还是北方的哥特建筑，艺术都开始变得堕落了：在日耳曼地区和法国各处，建筑过度追求奢华；英格兰哥特式建筑痴迷于细长垂直的线条；意大利建筑如帕维亚修道院和科莫大教堂充满无意义的装饰（这种风格常被错认为就是意大利哥特风格），威尼斯的卡尔塔门完全是一种平庸的混搭结果，圣马可大教堂充斥着疯狂的卷叶装饰。这种建筑上的堕落之风，特别是基督教建筑上的堕落，也象征着整个欧洲的宗教状态——罗马教廷的堕落和公众道德的堕落，以至于最终催生宗教改革。

如今的威尼斯，在过去有最虔诚的信仰，现在则是欧洲最为堕落之地；就如同她曾经一度是基督教建筑的纯净主脉所在，衰落时也成为文艺复兴的主要源泉。正是维琴察和威尼斯宫殿的奢华感和原创性使得威尼斯建筑在欧洲享有盛誉。这一垂死的城市，华丽地挥霍着，优雅地堕落着，在行将衰老的时刻比年轻时获得更广泛的崇拜，在仰慕者的簇拥中走向阴冷的墓穴。

正是威尼斯，或者说只有威尼斯，能够对文艺复兴时期有害的建筑艺术予以致命打击。使它在这里不会被赞美，在任何一处也将不会被承认。接下来本书的最终目的将是阐明这一点。我无意于探讨帕拉第奥《建筑四书》的内容，也无意于连篇累牍地批判，使读者索然无趣；我将通过对早期建筑艺术的分析，将建筑形式特征与被古典主义破坏后的情况相对比；这种分析将一直延续，直到其深度足以说明艺术走到衰落的拐点。我将依靠两类明显的事实：第一，某些特定情况或者特定事实可以证明建造者缺乏思考或者缺乏感情，那么从这一点上，我们可以判断这样的建筑一定是坏的建筑；第二，证明建筑学自身存在着系统性的丑陋之处，毫无疑问我将让读者在这一点上获得共鸣。关于第一点的证明，我将提供两个实例，有助于读者在头脑中确定建筑衰退的开始时期。

很多事实都证明文艺复兴时期的工匠在品格上的自卑问题。但是，证明文艺复兴艺术作品本身低劣是很困难的，需要了解对文艺复兴艺术的评判在哪个地方被扭曲了。我尤为感到困难的地方在于读到了《建筑的七盏明灯》的某些书评，一位作者意识到我一再推崇圣马可大教堂，这位作者便说："拉斯金先生认为这是一座非常美丽的建筑！""我们认为这是一座非常丑陋的建筑。"我对不同意见并不惊讶，但对于同一对象的评判有这么大的分歧深感震惊。我在绘画问题上的反对者认为绘画中有一种正确的原则，他们认定我对此一无所知，而我在建筑问题上的反对者们对任何法则的存在与否都不感兴趣，他们仅仅是为了反对我。当然不管是对于他们还是我而言，目前什么法则都未曾形成。对于评判一栋建筑的好坏，我们尚无法产生理性的判断：有时候出于固执己见；有时候出于遵循过去判例的某种便利；但绝不是只能由多数选票或顽固的党派之争来决定。我总是坚信这件事是有法则的：好建筑可以被毫无争议地与坏建筑区分开来。这种对立在本质上应该是清晰可辨的。我们只是没有把这些原则作为分辨建筑好坏的依据，就好像我们一直在争辩一枚硬币的纯度，但是却没有敲击它让它发出声响，当然也就无法辨别其真假。相当肯定的是，这一原则如果是令人信服的，那么就一定已经普遍存在。它可以帮助我们不用借助于风格或者民族情感来判断一座建筑的好坏，懂得拒绝所有愚蠢和低劣的建筑，接纳所有高贵和智慧的建筑。这一原则将会包含所有真正伟大国度和时期中的艺术作品，哥特式、希腊式和阿拉伯式。同理，某些国度和时期里的建筑就会被抛弃和斥责，如中国式、墨西哥式和如今的欧洲式。这一原则极为简明，完全可以运用于所有基于人类心灵进行创造的建筑作品之优劣评判。[1] 因此我试图

---

① 译注：按照拉斯金论述的语境对此段予以解释，中国、墨西哥、欧洲在 18 世纪的建筑风格在彰显个体创造力的现代伦理维度上似乎乏善可陈，但绝不意味着全盘否定这些建筑本身的艺术价值，读者对此段的阅读应当结合此书的写作年代和社会环境理性判断，对于今天的建筑学来说，传统建筑借用必须是带着冷静之眼的艺术化操作才能彻底超越其艺术价值。

建立原则，深信人们根据共通的常识来分辨建筑的好坏并不费力。也正因为过去人们不想耗费精力去获得这种分辨能力，使得世界被伪造和低劣的建筑阻挡了进步。这一工作其实也比想象的要简单，因为好的艺术井然有序，不好的艺术被丢到一旁，很快就能凭其优劣自动归类。关于威尼斯建筑，我做了两种选择以进行分析，一种是特征分析，以专篇的形式对建筑的每一部分加以论述，并建立原则，另一种则需要读者耐心地随着我寻根溯源，回顾威尼斯的建筑，以提炼一套判断建筑优劣的总体原则。我认为以上方式尽管枯燥，但却是最好的方法了。在接下来的篇章里，我会尽我所能地批评，以夯实基础作为论述威尼斯建筑的框架。论述将具有清晰和简明的形式，即便对于从未接触过建筑学的人来说，也可以轻松理解。对于一些对于我的论述早已熟知或是不言自明的人来说，因为考虑到本书的实用性，论证的简洁方式无意引发不满。论述的开始似乎只是老生常谈，读者会发现非常奇怪的后果——结论完全出乎意料，且相当重要。这时我不会停下来讨论它们的重要性，也不会指出论述这一结果这件事情本身的重要性。因为我相信大多数读者会立刻承认，在建筑这样一门既实用又昂贵的艺术中，这种判断优劣的标准具有不可忽略的价值，会倾向于接受这套标准帮助建筑实现其目标，而不是质疑其实用性。因此，我邀请读者对此书作出公平的审判。即使我的主要目的未达成，我无法让读者坚信已具有我所期望的判断力，我也至少应该收获感恩，因为我描述了永恒的真理，足以在犹豫不决时给予决断力，或者在不能公正决断时提供理智的力量。所以，"威尼斯之石"庶可以真正触碰那些石头，洞察那些被腐蚀的大理石的崩塌最终摆脱其曾经一度如水晶般闪耀的光芒；庶可以揭示这三个世纪以来欧洲的建筑及其他艺术的堕落，我迄今为止已经不住地暗示我的读者，我的追问庶能为这一重要真相提供有力证明。请注意：我说过，新教徒不屑于艺术，理性主义者则使艺术走向堕落。但是同时期的浪漫主义者在做什么呢？教皇夸耀说自己提升了艺术，而当艺术只能靠浪漫主义的力量时，为什么反而不受支持了呢？为何会屈服于建立在不忠基础上的古典主义，将曾经忠实构思的信仰图像简化为舞台布景，并使之沦为创新的障碍？难道我们不曾发现浪漫主义不是一个艺术的促进者，自从将新教从自身分离后，也就从来没有表现出有足够能力成为独立的伟大理念？一直以来，尽管内部已经腐化，却未被证明出现对抗者，在它的簇拥者之中依然有大量忠诚的基督教徒，结果其艺术也依然保持高贵。但是见证者还是出场了，谬误十分明显；罗马无视警钟，也拒绝纠正错误，从那一刻利令智昏，不仅无法进一步运用艺术，而且让崇拜演变为圣地上的耻辱，崇拜者成了破坏者。如果像这样的真理依然值得我们思考，那么来吧，在走入海洋城市的街道之前让我们想想，我们是否真的要屈服于其平庸的魅力，目睹这些宫殿最后外形上的升腾，正如我们该注视夏日高空中变幻的晚霞彻底沉入黑夜之前的情景；抑或更确切地说，我们不该眩晕于大理石凝聚而成的光辉，这些书页上记录了她以奢华写就的篇章，海浪应该抹去它，因为正如所应验的那样——"神已经清算了你们的国度，并终结了它。"

# 第二章　建筑的美德

那么，我们的首要任务是确定可以应用于整个世界和整个时代的建筑法则；借助于它判断一栋建筑是优美的还是高贵的，就像通过铅垂线可以判断物体是否垂直一样。

首先要就何为建筑的美德发问。

总体而言，我们要求建筑像人一样具备两种美德：首先，做好实际工作；其次，在做这件事时保持优雅和愉快。而后者本身就意味着一种责任。

这种现实的责任分成两个部分——实用和表达：实用功能即为我们提供遮蔽，抵御风雨，使我们获得保障；表达功能即作为纪念碑或墓葬的职责，记录史实、表达情感；教堂、庙宇、公共建筑如同艺术之史书，清晰而有力地讲述着人类过往的历史。

因此，我们将就此引出三大建筑美德，我们要求建筑：

一、物尽其用，以适宜的方式体现实用的功能。

二、言无不尽，以优美的语言述说人类的历史。

三、赏心悦目，以得体的形式滋养观者的心灵。

关于建筑的第二种美德，很明显的是我们无法为之建立总体法则。因为，首先，不是所有建筑都被要求具有美德；有些建筑只是出于隐蔽或防御需要，我们对其无须苛求。其次，因为表达美德的方式无法穷尽，有些是常规的方式，有些是自然的方式：每种表达方式都有自己的象征系统，显然符号在自身的象征系统里的运行规律不受所谓总体法则的约束。只要存在真实的感觉，每一种自然的表达方式都会被本能地运用、被人自然地理解，这种本能高于法则。常规的方式的选择取决于熟知的环境，而自然的方式则取决于无法预判的直觉。因此，当我们认为这些表达手段有效时，我们只能说这么选择是正确的；可是当它们不是如此这般产生的时候，我们也不能说这就是错误的。

一座通过雕塑来描绘圣经历史的建筑，对于不熟悉圣经的人来说是无用的；但另一方面，旧约和新约的文字也可以被直接写在墙上，只不过以建筑为书并不好用，远不如以生动的雕塑来讲述故事那般直白。同样地，剧烈的情感必须变化或推进，否则观众将变得倦怠或冷漠；一座建筑可能经常会被批评家指责出了这样那样的过错，但也可能在观众那里再次获得重生的魅力。因此，表达的力量强弱不能作为建筑的衡量标准，除非我们把自己完全放在被倾诉对象的位置上，也除非我们已经完全理解建造者使用的符号，能够沉浸于其触发的意象之中。我将要求读者对一座建筑作出基于共情能力的判断。当每一件作品被带到读者面前时，我会尽我所能指出它表达上的特点；不，我甚至必须依靠分析这样的特点来证明我尊重了建造者的个体化特征。但是，我不能使我的辩词绝对获取正当性，如果它被拒绝我也不会坚持己见。我既不能强迫读者去感受建筑的文学性，也不能强迫读者承认这种文学性是压倒一切的，因为如果这种文学性本身没有让读者产生共鸣的话，这样做就大可不必。

对建筑的表达功能，我仅稍作论述。建筑的另外两种美德有其通常标准——具备必要的一般功能，并与美而神圣的典范保持一致：毫无疑问这些法则需被恪守。我希望当作者穿过一条街时，能做到快速鉴别一座建筑高贵与否。如果他被允许自由发挥他的自然本能，他可以做到这一点。我所要做的就是从这些本能中消除阻止行动的人为限制，并鼓励他们作出不受影响的、不偏不倚的对错判断。

那么，我们就建筑美德的行为、范畴及来源分别进行探究，也就是说，力量和美丽这两者本身都不及证明建造者的智慧或想象那样为人所赞誉。

我们看待人类建筑的方式比看待神圣建筑的方式更有意义。在由人类建造的大厦中，构造及其装饰的价值在很大程度上取决于所依附的建筑。我们被引导思考其精神力量，但我们并非被神圣的工作牵动，而是欣慰于栖居在所创造之物引发的沉思之中。我希望读者特别注意这一点：我们对人类的创造感到愉悦，作为令人钦佩的智慧表现，我们同样应该感受到快乐。我们崇拜的不是力量，不是规模，也不是作品的完美程度：岩石总是更坚固，山脉总是更雄伟，所有的自然物总是更完美。然而，人类克服自身困难的智慧和决心成为我们快乐的源泉，也是我们加以赞美的主题。我想重申的是，在装饰或美这些主题上，与其说是作品的外观不如说是凝聚其上的创造力更值得欣赏。工匠的作品总不是那么完美的，但工匠投入的热情及凝结其中的思想是真实和深刻的。

我必须对在建筑中所获愉悦的起源作更为详细的论述，因为我很乐意消除我们对过往卓越建造者的冷淡。没有一种艺术比建筑更能把我们对作品的喜爱和对工匠精神的钦佩联系在一起，然而我们极少询问工匠的名字。我们或许会记住赞助人的出资和僧侣的祷告，认为他们奠定了建筑的成功，但是我们不曾记住这栋建筑的设计者或建造者。读者听闻过法国石匠森斯威廉和坎特伯雷大教堂有何联系吗？或者皮埃特罗·巴塞乔与威尼斯公爵宫有何联系，[①] 我们吝于感激，不够公正。因此，我希望我的读者仔细观察建筑中的愉悦究竟有多少应该诉诸对建造者智慧的钦佩，但我们却连其名字都未知晓。

建筑的两大美德指的是力量和美，或者说，指的是良好的结构和优美的装饰。我们来一起考虑一下，当我们称赞一座建筑建造精良时意蕴为何，不仅仅意味其符合功用，当然许多现代建筑甚至都没有做到这一点，建造精良意味着必须以最简单的方式达到目的，且没有附加过度的手段。举例来说，我们要求灯塔必须坚固耐用，持续提供照明。如果没有做到这一点便称其失败。然而，即便其建造达到目的，也未必称得上精良，因为可能使用了数百吨石头来完成建造，以至于多花费了几千镑。要判断一座建筑的优劣，我们必须知道其最大的受力要求、最佳的石料砌筑方式，以及最快的砌筑途径。只有对这些问题做了正确回应，才称得上建造精良。因此，建造者对于困难的思考、解决方法，以及运用手段上的持之以恒，展现出的敏锐思维和创造力让人钦佩。我们需要注意，精神的力量并不意味着肌肉，也不是指机械或者技术，更不是指经验，而是意味着纯粹的、珍贵的、宽广的、厚重的智慧；它无法以低廉的代价得到，如果没有感恩或祈求之

---

① 森斯威廉（William of Sens）在英国建造了第一座哥特式建筑。皮埃特罗·巴塞乔（Pietro Basegio）为威尼斯公爵宫的建筑师。

心，也一样无法获得。

例如，假设我们正在一座桥梁的建造现场：建筑师已勾画出拱线，木匠据此搭起拱架，砖瓦匠或泥瓦匠开始砌筑。泥瓦匠灵巧地搭建和调整砖的位置，或者在机械协助下，小心地将编了号的石块归位。他们眼光敏捷，心灵手巧，这是令人钦佩的，但我要求读者注意的并非木工活，也非砌砖方法，更不是现在所能看到和理解的任何建造工艺，而是曲线的选择，石头砌筑形成的形状和石材数量的确定。在决定这些事情之前，有许多情况要了解和考虑。选择曲线和计算石材数量的人，必须知道河流潮汐的时间，洪水的强度、高度和流量，河岸的土壤情况和耐水流冲击的能力，建造所需石材的重量和桥面日常通行的车辆种类，以及所有关于压力和重力的一般原则和作用效果。建筑师掌握的知识展现在曲线的选择和石材数量的确定上，在设计时运用特殊的手段来克服特殊困难，展现其独创性和决断力。放置一块石头的时候需要有多少智慧，多少思想，多少想象，多少心境、勇气和坚定的决心。这就是我们不得不钦佩之人在建造过程中反映出的伟大心灵，因此不能停留于赞赏拿泥铲和铺砂浆的技术或方法。

如今，在一切被恰如其分地称为艺术的事物中，都有这种智慧上的关切，甚至在实用艺术领域中也是如此。让我们继续观察，我认为在这座桥梁中并不存在建筑法则。我们想达到的目的只是安全过河，做到这一点的人仍然只是一个建造桥梁之人——建造者，还不是一个建筑师。他可能是一个粗俗、无趣、毫无感受力的人，在他的一生中无法完成任何一件真正美好的作品。我们可以在某种程度上对这样的人表示失望，但原因并非他是抹砂浆之人，也许他是一个伟大的人，记忆力超群，可以不知疲倦地工作，思维敏捷无人能及。在真正理解这个人之前，切勿流露轻视。

　　但是何种原因会引发轻视呢？如果碰巧没有灵魂，或者没有表现出有灵魂的迹象，那么就会受到轻视；除非建造桥梁者不只是想将人们送到河的对岸。他可能只是托马斯·卡莱尔先生所精准描述的人类中的海狸，海狸虽是动物中具有建造能力者，可以建造错综复杂的巢穴，但在所有聪明才智之外，内心空洞无物。如果建造者止步于此，就会受到嘲笑，建筑的美德因此才被要求，即通过建筑展现人的爱和快乐，美或者装饰乃人类渴求之物。

　　因此，人类情感在作品上的痕迹比人类智慧更为高尚。我们需要取得平衡，应当将二者结合起来并出于良知行事，判断力正如良知之女。因此，人类的聪慧才智如果不是主要的，也应当突出地表现于作品的结构中，情感则表现在装饰中。装饰若要恰如其分地让人喜爱，需要满足两点：情感通过生动的、诚实的方式展现；装饰本身附着在正确的位置上。

　　读者或许会认为，我以错误的顺序对建筑作出了新的要求。逻辑上而言，确实如此，但事实上，这么做却是正确的：对于人类来说，低一点，也是最为重要的一点，教会他们言说；第二点，必须指出是非对错。如果一个人对于自己何以喜好与厌恶都很冷漠，那么我们确实对他没招。只有让他能够快速地表达并且直白地讲述，才能引导其走上正途。而事实上，最近建筑学领域出现了错误的努力方向：引导人们喜爱错误的建筑，仿佛人们并不在乎这一点，并且他们需要做出一种样子，装作喜爱那些并非真正喜爱的建筑。难道我们真的以为任何一位现代建筑师会喜爱自己设计的建筑并乐在其中吗？根本不。他建造这栋建筑仅仅是因为他被教导说这样的建筑才是好的，他应当依照这个样子去建造。他装作自己喜爱这个样子，并且津津乐道于这种浮夸。你们能够认真地想象，我的读者们，任何一个伦敦人会由衷喜欢三联浅槽饰，[①] 或者能够从三角楣构上获得真正的快乐吗？[②] 你们大错特错了。希腊人也许会这么觉得，英国人从来不曾，也永远不会。难道你们幻想过摄政街老伯灵顿的建筑师会对把三角楣构用在拱门上方的空白山墙而不是用在阁楼窗上感到心满意足吗？不管以任何形式来表达，现代建筑师都被告知这样做才是正确的，并认为他们应该为此受到敬佩。正因为他们从未从诚实这一点出发进行取舍，以致建筑学出现了那么多的错误：他们几乎总是伪善。

因此，对于装饰的首个要求就是它能够诚实地反映强烈的喜好，不在于热爱什么，而在于建造者是否真的热爱并以此为乐，且能够朴素地表达这种感情。布尔日大教堂的建筑师十分热爱山楂树，因此在门廊的装饰上使用山楂树纹样。我从未见过这样美的山楂树，以至于想去采摘，还要担心是否会被刺到。古伦巴第地区的建筑师热爱狩猎，因此他们以马匹、猎犬和吹着足足两码[③]长号角的人群来装饰建筑。威尼斯文艺复兴时期的建筑师热爱假面舞会和弹奏小提琴，于是他们在作品里常用滑稽面具和乐器来装饰。这些都好过于英格兰人，他们什么都不爱，只能装作喜欢三联浅槽饰。

---

① 三联浅槽饰（Triglyph），来自多立克柱式，一种带有两道槽口的笔直装饰，每边有切口和三道刻痕。拉斯金认为这种多立克柱廊的竖向装饰不管是在古代还是现代都令人尴尬。
② 该希腊式门廊上的三角楣构做法被应用于麦逊宫和伦敦皇家交易所。
③ 译注：1 码 ≈ 0.91 米，后文不再一一标注。

对于装饰的第二个要求，是必须显示我们热爱的对象是正确的。所谓热爱正确的东西就是理解神的作品，神创造它们的目的就是让我们在这个世界上感受到满足和愉悦。所有高贵的装饰实际上正反映了人们对于上帝的赐予所感受到的愉悦之情。

至此，建筑的美德分为以下两方面：第一，人类通过创造产生辉煌作品；第二，对于比创造作品更为辉煌之物感到愉悦，并予以表达。以上两点是我期待读者能够掌握的快速判断能力，或者说，至少在某种程度上读者可以形成对建筑的判断。如果超出一般程度，其实也较难形成正确的判断。建筑学成就其伟大的时刻，当然希望得到理解。当面对建筑学领域那些比较艰难的工程时，比如桥梁、灯塔、港口岸壁、河堤和铁路隧道，如果按照这样的标准去判断就会很困难。但是对于普遍环境里建造的一般性建筑，它们对于每一个男人、女人、孩子来说，作出判断应是非常迅速和出自理性的。建筑应具备的特征并不罕见，构筑法则应当是简洁而不失趣味。只需要几个小时的努力，我就可以让读者掌握要点，并从中掌握一种能力，去发现他面前的对象不再像过去那么乏味，开始变得有趣。这些法则虽然小而简单，但是遵循法则却不那么简单。建筑以其具体特定的应用方式来遵循这些法则。一旦理解建造的法则，我们就会理解每一座新造的建筑都有其面临的挑战，会感受到建筑如何巧妙地遵循了这些法则。于是，我们便能够马上摒除大量不合乎法则的建筑风格，因为它们没有遵循永恒的法则，所以显得矫揉造作，十分怪诞。

因此，对于装饰，我希望你们能够只考虑自己的喜好作出自然的抉择。这种抉择里当然有正确与错误之分，但是如果你们能够按照自己的本性去抉择，就会发现自己喜欢遵循正确的方向。这世界上有一半的罪恶来自人们不了解自己内心真正的喜好是什么，也没去探寻自己内心真正欣赏的事物，这就好比每个人都喜欢消费，但是人们并没有认识到这一点，而是误以为自己喜欢储蓄，结果这样做了之后心情并不舒畅。每个人都会为善举感到愉悦，但是了解这一点的人几乎百里难择其一，相当多的人还以为作恶能带来快感，实际上自上帝创世之时起，从未有人能从恶行中获得愉悦。

在装饰方面情况也差不多，你们需要用心去感受，审慎地探索，寻求正确的答案。但没必要从很深奥的角度去考虑，只需要谨慎、坦白和诚实，使得你们能够对你们自己和所有人坦白。即便大批的权威说你们不可以如此行事，但你们依然需要诚实地袒露自己的喜好。

我们多么乐于重获孩童般的精神，即使成人的智力高于孩童，也应当对依然简单地欣喜于一道美丽色彩或者悦动于一抹光亮的能力抱有感激之心。最为重要的是，不要试图使得所有的快乐都合情合理，不要将从装饰上获得的快乐与追求实用联系在一起，它们之间并无联系可言，人们试图混淆两者的每一种努力都会使人们对美的感受力逐渐迟钝，或者将对于美的感受力降格为低层次的情感。人们就是为了感受愉悦而被创造的，而世界上充满各式各样的、让人感到愉悦的事物，除非我们过于傲慢，或者这个人对于不能改变的事物过于执着和贪婪，于是这个人就与愉悦无缘。记住，世界上最为美丽之物本身就是最有用的，比如孔雀或者百合花，即便我手握的鹅毛笔显然比孔雀羽毛做的笔在书写上更为顺畅，而费维城春日田野间的百合如同登茨度密第漫山的冰雪，农民却说割草的活儿不会因为它们的美就变得稍许容易半分。

因此，我们的任务被分为两类，接下来逐一研究。首先探讨建筑的构筑，按照真正必要的特征进行划分；我会引导读者从基础着眼往上思考，这样读者就能发现思考的最佳方式，一旦发现，就不会再忘记。我会给读者石块、砖、稻草、凿子和铲子，以及土地，然后请他来建造；我只在他感到困惑的时候帮助他。他造完了他的住宅或教堂，我就请他开始装饰，并且全权交给他完成，除了帮助他克服偏见之外，我丝毫不影响他的决定，并让他尽可能自由抉择。当他因之找到了建造的方法并且选择正确的装饰时，我将给予他最大的肯定并增强他的信心。我会让他相信，他造了一座世界上最棒的建筑，并且希望他去谴责那些与这栋建筑原则相违背的建筑，它们都是虚妄和错误的。

# 第三章　建筑的划分

　　建筑的实际功能体现为两个大类。其一，提供容纳之地和庇护；其二，提供场所和载体。

　　**庇护性建筑**　这种建筑用于保护人类及其财产免于受到各种外界侵害。它包含所有的教堂、住宅、宝库，以及堡垒、围墙、城墙，下及农舍、羊圈，上及宫殿、城堡，也包含水坝、护岸、潮堤。对于庇护性建筑而言，应当在现有环境中尽可能保证使用的便利性和居住的舒适度。

　　**标记性建筑**　这种建筑用于指引人或物定位某一地点，或者自身作为容纳的场所使用。这类建筑包含所有的桥梁、沟渠、道路建筑，以及需要在特定位置提供照明的灯塔，排出烟气的烟囱，阶梯，也包含用于瞭望或者料敌的塔、在清真寺里用来放置巨钟的高塔、用作运动性防卫的古老塔楼和堡垒。

　　庇护性建筑需要满足以下三点：围护一处空间，包含屋顶、可达的路径，引导人行、光线、空气流通。而这三点对应构成建筑的三个部分：墙壁、屋顶与开洞。

　　**墙壁**　建造一块平坦墙壁的材料可以是木材、泥土、石材或者金属。如果仅用于隔断或者围合，隔断墙即可满足使用要求；但是如果墙在一定程度上承受垂直力或者侧向力，随着受力增大，墙的厚度也将增加；如果压力继续变大，墙体不断增厚成为墙垛，以承受更大的垂直力，或者需要加设扶壁以承受侧向力。

如果墙不仅要满足隔断和围合的功能，同时还需要承受垂直力，那么在增厚的墙垛之间布置墙体；但如果仅起支撑垂直力的作用或者需要承托屋顶的重量，那么就失去了墙的特征，成为一排墙垛。

另一方面，如果在侧向力较小的情况下，以一定间隔布置起支撑作用的扶壁可以保持墙原本的特征；但是在侧向力较大的情况下，以连续的扶壁支撑就失去了墙的特征，它将成为堤坝或者壁垒。

因此，综上所述，我们对墙和墙的正确构筑方式做了总体性的了解，理解墙在什么条件下成为墙垛，并对墙垛的正确构筑方式有了总体的认识，理解墙在什么条件下需要扶壁支撑，并对扶壁的正确构筑方式有了总体的认识。显而易见，这是我们学习墙及其划分时必须理解的内容。

**屋顶** 屋顶是大大小小空间上的覆盖物。为了便于研究，我们先从小空间上的屋顶开始讨论，再扩展到大空间上的屋顶，但在术语界定上存在一些困难，小空间上的屋顶起拱一般被称为穹顶，但是没有一个术语来形容平屋顶，除了在用石材或木料的地方有"楣梁"的叫法。其实理解屋顶并不难，只要想想在小空间上如何建造合适的屋顶就可以了，且可以不限于任何形式，比如，如图1所示x、y、z在平面a上，想象沿着一个长方形b、一个多边形c的边推进，或者绕着一个圆形d的中心旋转，就可以自然得出合理的屋顶形式：如果起拱就会形成拱顶、穹隆，如果起坡就会形成坡顶、尖顶。

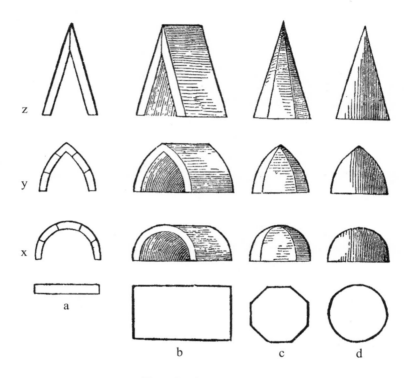

图 1　合理的屋顶形式比较

　　在建造大空间上的屋顶之前，要先考虑小空间上的屋顶形式。当墙体逐渐变厚形成墙垛时，可以更好地承受垂直力，传递到顶部可以更好地承托上方的屋顶。墙垛之间起拱或以梁楣联结，可以承托屋顶的重量。当我们仔细考察了墙垛的结构之后，我们应该考察梁楣和拱在墙垛上如何放置，为覆盖其上的屋顶作好承托。在所有优美的建筑中，这种建造原则都是显而易见的，我们可以从中学会如何建造一座精妙的屋顶。屋顶的结构通常因为水平力作用需使用扶壁支撑，所以还需理解扶壁的特点。因此关于建筑分工的考察包括以下方面：墙体的建造、墙垛的建造、梁楣的建造、拱的建造、屋顶的建造，以及扶壁的建造。

**开洞** 墙垛之间有间隔，其间隔特征由墙垛决定，或由门窗的开凿决定。关于门窗，我们需确定三点：首先，门窗洞口的合适形状；第二，这些开洞如何使用开启阀并安装玻璃；第三，外围护开洞的方式，以及使用上的便利度，如门廊和阳台的设置。如果读者有耐心思考这几个方面的必要性和适宜性，包括庇护性建筑每一个可能的特征，好建筑和坏建筑就不再会有所混淆。关于标记性建筑，很大一部分涉及建筑的必要性，存在很多一般读者不熟悉的内容，自然也无法判断其必要性。比如涉及烟囱、灯塔等，但这些建筑形式依然与庇护性建筑有很大关系。在有关楼梯、塔楼的部分将详加叙述。

# 第四章　墙基

　　我们首要的任务是研究墙，要找到这一"最睿智的分工"中是否真的存在卓越之处。诡异的是，我们经常提到"死墙"的说法，并且十分厌恶这一形式，然而自斯努特①时代以来，我们就未真正见过这样的墙。这种耻辱的骂名并无不公，暗示人们无误的感觉。墙不应当是死的。它应该像一个有组织的体系一样，在它的构成中有很多元素，在它的存在中含有目的，并且以一种活的方式来回应目的；只有当我们不想投入任何力量设计的时候，墙才会变得死气沉沉。每面墙都应该是"甜蜜可爱的墙"，我不在乎它是否能聆听，但是为了指导和劝诫，我要让墙"举起手指"张口说话。我们现在的任务就是去探寻墙的必要元素和优点。

　　墙可以被定义为由木材、泥土、石材或金属构筑而成的均匀平整的围护体。然而，金属建造的围护体较少采取墙的形式，而是使用栏杆的形式，就像所有其他金属材料构筑的建筑一样，或者也同由轻质

---

① 斯努特（Snout），莎士比亚戏剧中的墙壁修补匠。

木板构筑的建筑一样，我们不对此进行详细探讨。实体墙无论是木制还是土质（不论黏土经过烧制与否，也包含石材），具有三大组成部分——墙基础，墙身或墙面，以及檐壁，以形成其完美的形式。

基础之于墙，犹如爪子之于动物。墙基础的支撑面比墙身要宽，墙身建于其上以防止墙身下陷。这种巨大的安全性结构应该是肉眼可见的，且成为地面上墙身的一部分。事实上，墙基础与建筑的整体基础有的时候并不能融为一体，就像竖立在一张巨大的平面上，墙或墙垛都被摆放在这张平面上：理性教会了眼睛去观察，它要求墙有自己的脚爪作为支撑，没有它，建筑就是不完美的。对于这种支撑，我们称之为墙基础。

墙身是墙的主要部分，由泥或黏土、砖或石材、圆木或劈木构筑。从结构上看，墙身从上到下是等厚的。厚度可能是半英尺、六英尺或者五十英尺。如果墙身各处厚度相等，它被视作一堵墙；如果墙身原来是五十英尺的厚度，在特定的部分增加了一英寸[①]的厚度，那么增加的部分就被视作扶壁、墙垛等。

在精良的建筑中，墙壁通常保持适宜的厚度，由墙垛或扶壁加固。在这两者之间的墙身，通常是为了保护隐私或者阻挡恶劣天气，可以较恰当地称其为墙面。我用"面"这个词来表示墙的平整部分，它比体更有表现力。

当墙面的材料较为松散，或者形状之间不能互相契合时，就有必要从增加安全性的角度，使用更坚固的材料。因此，在维罗纳古城墙

---

① 译注：1 英寸 =2.54 厘米，后文不再一一标注。

上，砖块与卵石交替使用。在伦巴第教堂里，毛石则与砖交替使用。构筑产生了层次，墙壁出现分层式结构；在更坚固的材料上，有时使用雕刻来装饰。即使墙在整个高度上看并非层层分明，但通常在墙的特定高度上铺设一层石块，或者使用仔细选择的材料作为权宜之计，这类墙上的带状突出层可以称为束带层。墙进入演化的某个阶段，就像历史在进入一个新的纪元之前，人类生活中出现的反思期。或许在建筑中，墙与人类历史自身蕴含的故事相呼应，是标记其演替历程的某种构筑物。

最后，在墙的顶部，有必要做一些应对气候的防护，设计压顶支撑上方的重量，这种构造称为檐壁。事实上压顶是墙身的屋顶，由小型檐口支撑，就像大型檐口支撑建筑的屋顶一样。不管哪种情况，檐壁都是墙自身演变的终结。当用来起承载作用时，檐壁就像手一样张开，承载上部的重量；基部就如同墙体的脚爪：墙基础、墙身和檐壁这三个部分相互联系，形成一个整体，就像花的根、茎和花蕾一样。

关于以上三个部分我们将依次考察，首先是墙基础。

在我们的设计范畴里，有时候也是出于适宜性的考虑，需要设计建筑的整体基础，这种建筑基础是水平向、稳定的，存在于看不见的地面以下。但现存的一些高贵的建筑中却并没有这样做，因为要完成精巧的墙基，意味着付出巨大的代价。在思考地面以上的建筑如何构筑的时候，地面以下的相关问题常会被忽略。观赏建筑的人不会考虑墙基础是怎么建造的。对他而言，建筑的优点体现在建造于地面以上的部分。在有些建筑中，构筑了宽阔的高台支撑整个建筑，正如比萨，这种高台通过阶梯，向人们提供进入建筑的途径。这种高台被认为支撑着上方建筑的重量，当然多数时候事实确实也是如此。我们须把论点建立在尽可能广泛的假设上，也就是说，建筑物要么坐落于地表之上，要么能够在某种程度上建造在能够承受其重量的平台之上。

现在让读者试试向自己提问，在一个平面上，如何着手建造一堵坚固的墙？这堵墙须能够承重并经得起时间的考验。他肯定会四处寻找手边能采集到的最大的石块，随后粗略地平整土地基面，把这些石块以较宽的一边摆放，比墙身的宽度要大得多（如图2中的a所示），以在一个较大的作用面上分散墙身造成的压力，形成墙基础。在这些石块的上面，他可能会放上第二层石块搭建成b，甚至第三层石块搭建成c，使墙身宽度逐渐减小，为承受墙身作用于中心的压力作好准备。自然而然且必要的做法是，每一层的石块都比下面一层稍小（因为我们假设他先寻找到最大的石头），并被切割得更为平整。如果两

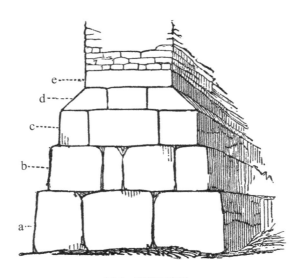

图 2　砌墙示意图

层不够，那么他将搭建第三层，以更好地为建筑提供支撑。如果土地下陷的话，墙基础会为建筑上部紧密构筑的砖石体提供支撑。接下来，他会为墙体做构筑的准备，第四层的石块侧面切成坡面作为过渡，同时与第三层石块的尺寸相当。如果墙基础内有交缝，为了提高安全度，他可能会放置结合层e，然后使用砖或者石块来建造墙体本身。

我认为，建造一堵墙需要首先进行如上所述的准备，即对墙基础进行设计，这样的准备工作为我们提供了最好的通用类型。但是显而易见的是，墙基础的构筑方式具有两大必要特征：首先，墙基础需至少具有使用大型石块铺设的c层，a层和b层可以忽略不计；其次，墙基础需要具有坡度的d层。尽管有些例子里仅仅使用砖砌筑，但是在伦敦郊区大量独立构筑的大型墙体中，读者都可以发现包含如上元素的构筑方式。

然而很明显的是，图2的构筑方式依据不同的情况可以进行修正。有时，a层和b层的宽度有所增加；当建筑位于安全的场地时，在砖石工程完成之后，可能需要像d层那样构筑有一定坡度的斜面层。在威尼斯的建筑中，墙基础较低的部位一般都暴露于大海里，日积月累之后其表面留下了粗粝的印痕，但是当建筑作为精细作品处于重要位置时，下部的墙基础可以根据需要像上部建筑或者d层那样进行平整工作和附加装饰。所有这些部分根据上部的建筑类型变化可以对应设计不同的方案。但目前，建筑本身的讨论其实与这些调整无关，它们本身都或多或少地依赖于对装饰问题的考虑，除了有一处非常重要的地方需要在这里讨论。我们经常在大型建筑中见到下部的墙基础被扩大为石基座，这么做可以产生优美的效果：使得建筑看起来充满善意和好客，保护上方的建筑免受暴力侵害。威尼斯的圣马可教堂本是一座又小又低的教堂，它的墙身并不需要很大的墙基础，仅仅可以从中找到三个元素b、c和d。其中b处高出圣马可广场的人行道一英尺以上，在门廊凹进之处形成高高的平台，并由红色和白色的双色格组成；c处设计了沿着墙边的基座，其基本特征是带有我们在这里还未讨论的柱身；d处使用了白色大理石；所有一切设计都以最简单和最完美的方式获得丰富的装饰，也正如我们将在后续相关章节中看到的。因此，在设计墙基础的时候应当付出很多努力，我们的讨论可能有助于确定墙基础的类型，这一类型在实践中比我们今后能够确定的任何其他类型都更为基础而必要：墙基础必须以牢固的方式建造，因此建筑师必须采用正确的形式；如果偏离了目标，通常可能是因为特殊需要，如设计地下室，或者可能是因为设计一些具有宏大特征的墙局部，或者可能是因为想满足一些常常被误解的关于装饰的想法，直到彻底理解建筑其余部分之前，我们最好避免过早苛责他的错误，因此接下来让我们继续讨论墙面的问题。

# 第五章　墙面

　　在1849年的夏天，本书作者所做的研究，并未大量涉及目前的主题。在那段时间，作者主要研究如何分析透纳绘画作品里山峦的形式问题。但是，我们从自然中得到的教诲往往多于阅读维特鲁威的典籍所学到的，阿尔卑斯山峦之中的片段可以作为独一无二的证明，直观地反映我们所要研究的"墙面"这一对象的主要特点。

　　这是某个大型物体的片段，本质上是一组破碎的墙，其中有一面是悬空的，顶上有一个"飞檐"，它厚重的侧翼大约高一百五十英尺，高于冰川三千英尺，高于海面一万四千英尺，这是一堵真正雄伟的墙，同时也位于整个阿尔卑斯山脉中最险峻和最坚固的位置，也就是马特洪峰地区。①

　　它被错误地描绘成一座山峰或巨塔。然而实际上，它是一处巨大的脊状山岬，其西侧与艾灵峰相连，面朝东方，并像一匹马那样隆起后背。一路沿着它的侧面，在通往兹穆特冰川的半天时间里，山脚令

---

① 译注：马特洪峰（Mont Cervin，Matterhorn），阿尔卑斯山脉最为人所知的山峰。

人怖畏的黝黑台地无止境地蔓延着。山云结束了一天的工作，它们疲惫不堪，于是静静躺在那些连绵的台地上，休息到天亮，每一朵都穿着灰色的斗篷沿着阴沉的岩脊舒展，于是那座巨大的"墙"就这样载着它的"飞檐"在头顶三千英尺以外的月光下闪闪发亮。

山岬东侧被劈断，就好像被一把利剑斩断了山崖，斩断面向内凹进十分光滑，就好像海浪的凹陷一般：在它的每一个侧翼，都有一组"扶壁"，高度相当，它们的头部从这堵高墙中伸出，往下俯瞰是七百英尺的高差。它的北部显得最为重要，如同一座堡垒尖锐的正面，极为陡峭，一处处凸起，最终以一道曲线终结于黄褐色的山崖，在它的山脚，马特洪峰垭口的冰川静静俯卧，宛如一处宁静的湖泊。这是唯一几处能够攀缘马特洪峰的地方。对于山峦自身而言，这如同一种石砌作业的不断持续，使得我们通过详细考察它来了解石头这种材料的特质。

尚没有建筑师懂得从此中学习建造。岩石的西北坡面有着大约两英尺厚的废墟，条状页岩松散地铺开，它们呈幽暗的砖红色，堆积于山脚如同灰烬，这些薄薄的页岩层层叠叠，更犹如被碾碎的树叶。我们获得的第一种感受便是惊诧，这座山宛如神迹，紧接着我们将向缔造此作品的那位伟大的建造者献礼，我们看到在枯叶堆的中心，岩石正处于生命的律动之中，围绕它的是晶莹如白雪的石英岩层，坚硬至极，胜于钢铁。

而实际上，这仅仅是缔造山峦伟大力量诸多钢铁般意志中的千万分之一。山峦的自然组构与"扶壁"和"墙"的建造类似，揭示了如此丰富多样的石造工艺之中具有某种永恒真谛，其建造的顺畅和真实犹如经准绳与铅锤定心，使得其厚重感与力度持续变化，在每一处银色的"飞檐"包裹下，山峦的边缘闪闪发亮，再由暴风雪和阳光雕琢和铸就。正如永恒的神殿之上那些纯洁无瑕的装饰，仿佛书写着"初建那时，无锤刻亦无斧工，无可凭仗"。

然而，我未打算将其作为自然建筑普遍规律的实例。它们既是坚实的峭壁，也是起伏的悬崖。只不过作为欧洲最为高贵的山峰，马特洪峰让人不由好奇，其东侧山面何以揭示将不完美的材料与多变的特性融合为造物的巅峰。更有甚者，变化的山峰从各个层次向砖石工艺展示如何将材料以紧密而丰富的方式组合，如何用松散的砖石材料实现坚固的构筑。我们并不因此得出如下结论，当我们可以得到完美的材料时，还需有意使用较差的材料，但我相信我们依然能得出如下结论，在用不完美的材料例如砖来砌筑一堵墙的时候，相较于通过增加墙的厚度来加固墙体，通过精心砌筑石料层次的效果更好，操作也更简单。墙面给我们的第一印象是除非其整体由粗糙的岩石构成，并以恰当的方式显示砌筑的层次，否则它只会变得更厚，或者强度不足。用有层次感的砌筑方式背后有重要的装饰性原因，仅仅因为这一出发点也足够这么做了。这一原则将普遍适用于建筑，除非在极少数情况下，比如是否选择完美或有瑕疵的材料完全由我们自己决定，或者在建筑装饰的体系要求下，其表面需保持绝对的统一。

至于中间部分的归位，依赖于石材或者砖砌筑搭接上的调整，读者不必过虑，工匠应以诚实的态度完成。我不知道在美学或建造法则下诚实这一原则是否已经引起注意，石砌工艺的质量低劣异常，应当得到建筑师更大的关注。在任何作品中，最可鄙的莫过于建造者未表现出过把注意力放在石材砌筑上，或通常吝啬于考虑如何表现石头，或者反之：一方面通过精妙和细致的砌筑，对雕塑线脚之间的交界处作隐藏化的处理；另一方面，索性展示这种人类精妙架构的砌筑层次，这样做本身也让人愉快。如果刻意隐瞒精妙架构，那是庸俗画家会犯的错误，他们害怕展示人物长着骨头，而刻意展示则是米开朗琪罗式的错误，他把英雄的四肢画成了外科医生的人体图示，相比起这些错误，我们没有什么理由这么做，因为确实没人会对人体解剖图有太多的兴趣。在多数情况下，展示砖石砌筑毋宁说是建筑师的权宜之计，因为若非如此他们就不知道如何填补空白。许多建筑以完全雷同的砌筑方式获得体面，如同一个不会写字的男孩在抄写本上的描摹作业。在建筑史上的某个时期，这种方式曾被认为是巧妙的；圣保罗大教堂和白厅都覆盖着这类砌筑表层，在一些现代建筑师的认知中，建筑的伟大之处恐怕正是立足于这一点。

然而，没有任何借口可以用来掩饰石砌工艺的错误，因为在这一主题上仅存在一条法则，其实也很易于遵循：无论在隐藏还是展示石砌部位时，都须避免矫饰和不必要的花费。谁都明了建筑是由一块块石头垒筑而成的，没有人会否认这一点，但也没有人计算过建造过程中究竟需要多少石块。教堂的建造很像布道本身，只要它们的言说有益于教诲，它们便总是正确的。而当它们使人注意力涣散时，它们便总是错误的。守斋结束之后的庆祝场面上，雕刻的简洁或许与盛宴的丰富并不矛盾，但是我听过许多布道，看过许多教堂的墙壁，上面布满雕刻，绝非宣扬饮酒作乐。

# 第六章　檐壁

最后，我们需考虑一下墙的收尾部位，或称为檐壁（墙檐）。檐壁包含两大分支：如果墙不承重，那么檐壁起到与屋顶类似的作用，保护墙身抵御气候变化；如果墙承重，那么檐壁如同手一般，扩展并承载上部的重量。

目前，遮盖和保护墙身的方法有很多种：有时，墙壁本身带有一个真正的屋顶；有时，墙壁终止于一条由砖块斜置的山墙脊，在伦敦郊区经常可以见到这样的处理；在更为坚固的建筑上，削整过的石块被用于构筑檐壁；有时，墙壁压顶成为向外的斜面。我们目前不必为这些小型屋顶而烦恼，它们其实是大型屋顶的微缩版。但是我们必须讨论一下檐壁这一墙壁结构的重要构件，它们为小型屋顶或上部的负荷提供真正的支撑。

当墙已经构筑到所需的高度时，读者将考虑如何保护墙面不受天气变化的影响，或者考虑如何让其承载负荷。让我们想象一下这位读者面对着未完工的墙身顶部，从上方可以看到砌体所有的接缝，也许接合面还未胶结，或者还未完全用水泥封缝，敞开着暴露于空气之中；大缝隙之间用小而碎的材料填充后留下了空洞，雨水渗入后，水泥发生松动，而当水泥受冷时，整个墙体也会碎裂。面对这样的情况，我可以肯定，这位读者的第一个冲动会是将一块巨大而平整的石头压在墙体的顶部；更确切地说，是巧妙地将一组石头按照墙壁的侧边排列作为墙的收尾。同样地，如果他想在墙上放置一块重物（例如，一根过梁的末端），他会立刻发现加诸墙体的压力会使墙身的小块砖石料移动和失稳。在这种情况之下，他的第一反应就是把一块大而平整的石头放在墙的顶部，以承受梁的重量，将压力平均分配到下方墙面的小块砖石料上，如图3的a所示。

在以上两种情况下，都需在墙体顶部放置平整的大石块；图3的b可以看作是切面或者截面的情况。现在，很明显的是，如果荷载恰好处于石块的边缘而不是中心处，那么这些边缘可能会被压碎。那么，为何不在下方放置石块并形成斜面连接墙体，如图3的c所示？这样的檐壁对于墙体而言可能过于厚重了。上方的石块没必要过厚，那么，我们稍微减小厚度，如图3的d所示。现在，我们可以继续观察：d的下方石块或者说坡面相当于墙基础中的d部分（如图2所示），在墙基础中，这部分构成墙体的足部，而在檐壁中这部分构成墙体的臂部。同时，上方的石块作为檐壁的构成部分，与图2的c部位的石块有对应关

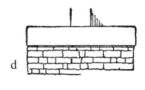

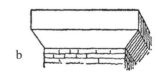

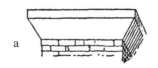

图3　墙体檐壁构筑示意

系。目前读者或许还不清楚这些构筑部分的重要性，不过我们之后将反复讨论。我希望读者将这两个部分加以比较，并且在大脑中对它们的关系有清晰的概念：为了方便起见，我将侧面倾斜的石块部位称为X，侧面垂直的石块部位称为Y。这样读者或许可以轻松地加以区分，X字母是两条斜线的交叉，可以很恰当地代表这种坡面的石块，而Y是有着一条直线和两条斜线的字母，可以很恰当地代表这种由坡面石块相连的边缘竖直的部位。

图3中的d是所有檐壁主要的起源和基本形式。为了得出演变方式，让我们将侧面放大后进行观察，如图4中的a，并准确标注X和Y。这种形式是所有檐壁的起源，用作墙体构筑最后的步骤，以抵挡风雨；也如我们多次提及的，承载负荷。如果按照前者的要求来看，雨水会顺着X的斜面滴落；如果按照后者的要求来看，X斜面的k处的锐角和边缘对此负荷的作用较弱，可能不足以承载。为了在第一种情况中躲避风雨的要求，我们可以将X斜面向内凹进，如图4中的b所示；为了在第二种情况下避免承载力不足的问题，我们可以将X斜面向外凸出，以起到加固作用，如图4中的c所示。

图4的b和c代表檐壁的两大分类，它们具有同一个来源，基于美学的考虑，两者经过混合，各有侧重地发展出了第三种形式，并在世界上各时期的建筑中作为构筑墙体的第三大要素，得到广泛和持续的运用。在这里无须多阐述第三种的混合形式，但是这两大分类的关系、起源及其发展线索，如图4的e所示。图中的虚线代表两大分类的演变形式，实线代表起源形式。图中实线的斜率，以及虚线的曲率，并没有确定：斜率，以及X和Y石块厚度的比例，随着承载的重量、石头的强度、檐口的尺寸及其他因素变化而变化；曲线的弯曲程度则

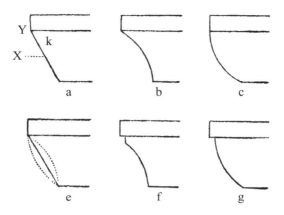

图 4　墙体檐壁演变示意

随美学原则发生变化。正是在这些无限的扩展领域中，而不是在对原始形式的改变中，建筑师拥有了得以发挥创造力的空间。

如果我们继续讨论下去，读者无疑就会看出，即使X石块处的斜面允许变化曲线或斜率，无论是以b的形式，或任何近似的形式，都不足以充分防止雨水不流经它。事实就是如此，但是我们必须考虑到，作为墙的最后一个组成部分，檐壁是墙所有元素中最适合体现荣耀及装饰特征之所在。几乎所有的建造者都很重视这一部分，并在设计这个部位的时候大量运用装饰。但很明显的是，由于它的位置高于人的视线，最适合装饰的部位便是X处的斜面，它靠近观察者并略微倾斜。如果我们在b的基础上进一步切凿或者向内凹进，那么所有的装饰都将隐藏在阴影中。因此，在气候宜人，不需要担心阴雨连绵的情况下，我们就不需要使X处进一步内凹，采取曲线b就足够了，这也是我们能力所及范围内最能提供保护的形式。但是，如果建筑处于多雨的环境之中，雨水大雾持续交替，我们可能就不得不更多考虑檐壁的保护作用，进一步挖凿X处使其更加内凹，以躲避风雨侵袭。如此处理后，檐壁就失去了作为墙顶王冠之象征意义，也不大能意味荣誉，取而代之的是它的保护功能，亦随之被称为滴水石。滴水石显示了北方建筑的调性，尤其是哥特建筑的；真正的檐壁则显示了南方建筑的调性，是希腊建筑和意大利建筑的；檐壁有南方建筑特有之优美，也是其卓越特征之一。

在讨论滴水石之前，让我们更深入地研究一下檐壁的本质。事实上，我们采取图4中的b或c，都并不能使得墙体免受雨水侵袭，完美地受到保护。但我们可以通过对上部的檐壁进行改进，使其更好地发挥对墙体的保护作用。如图4中的b所示，曲线上方的尖角较为薄弱且没有用，我们可以通过切削得到如图4中的f的形式。同样，我们可以通过对如图4中的c的调整改进，得到如图4中的g的形式。

如图4中的f和g所示，其檐壁式样为早期拜占庭建筑之特征，在威尼斯所有可爱可亲的建筑作品中对此特征均有所体现。如图4中的a所示的类型则较为罕见，但是在威尼斯最为精妙的建筑中依然有所留存，譬如圣马可教堂的北部门廊便是其对应实例。

现在，读者显然已经注意到，从适宜度和必要性上考虑檐壁的形式，比我们之前述及的墙基础形式，我们能寻找到的道理似乎显得更为简洁和明确。原因在于建造基础有许许多多的好方法，采用哪一种方法取决于特定的地理位置和可用材料的性质。墙基础在宽度上也有很多可以调整的空间，并且也允许部分地被地面掩盖，调整整体高度。但是我们在建造墙的顶部时并不会得到充裕的调整空间，且我们所做的一切都是完全可见的。我们要能够且必须处理砖或达到一定精细度的石材，而不仅仅是砾石、沙子或黏土等材料，所以当条件变得有限的时候，形式则变得确定。而随着建造的深入，我们的工作也会越来越明确。河流的源头常常消失于苔藓和鹅卵石之中，其最初的运动方向令人疑惑，但是，随着水流的积聚，河岸随之显现，其支流往何处流淌也明晰可循。

关于檐壁的研究就到这里。接下来，我们要讨论一下滴水石的形式。

让我们先回到图4所示的檐壁最初的或者说起源的形式。我们将这一形式放在图5所示a位置，将它完全看作一种躲避风雨的保护性措施。如果要让雨水完全不流经X石块坡面，可以向上凿挖凹进，方法如图5中的b所示。很明显，如果这么做的话，突出的部分就会变得薄弱，略微受到外力就容易在颈处折断，如图5中的c所示。那么，我们必须在一整块石头上凿刻，如图5中的d所示。雨水不能顺着石块的上边缘滴落，最好将棱角磨圆，我们还可以再将底部凸出的形状设计为卷曲形式，并且使得上方的凹陷程度进一步加深，这样可以更好地保护交接部位。进行了这两种变化后，我们将获得图5中的e所示的形式，即滴水石的形式。其突出的部分形状圆滑，有些像猎隼的利喙，有时候几乎就是照着喙的形状设计的。但是，建造的主要问题还是在于确定曲线的上下切点。无论在哪里，有滴水石的地方往往都是气候湿润的地方，或者其建造者本人出生于多雨的国家，且建筑的其他部

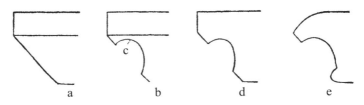

图5　檐壁滴水石的演变示意

位同样需要应对恶劣的天气。曲线上的切点有时候反映的正是遥远国度甚至陌生地区间的线脚差异。图6所示的是包含内曲线和外曲线的形式，外曲线下方被切割。从外部线条来看，这种形式在威尼斯一直存在，在建筑上的线索则可以溯源至阿拉伯建筑，且主要是来自开罗的早期清真寺样式。从内部线条来看，这种滴水石形式存在于索尔兹伯里。如果能恰当地理解这种内外曲线之间的狭窄间隔，便会明了这是一种更雄伟的曲线形式——扫过地球和海洋的巨大弧线，在有着金字塔的沙漠和绿色平坦的田野之间，塞勒姆清澈的溪流蜿蜒而行，穿过原野。

这种形式是如此微妙，以至于纯粹的檐壁仅仅存在于北方，并且是从古典式样中借用过来的，当我们在南方发现真正的水滴石时，北方建造者的影响已经在起作用了。这将是一个主要的证据，我将用它来考察伦巴第建筑对阿拉伯作品的影响。因为真正的拜占庭和阿拉伯檐壁的线脚都向天空和光线敞开，但伦巴第人从北方带来了对雨的恐惧，在所有的伦巴第-哥特式建筑中，我们都可以立刻认出如阴影般的水滴石，如图7中的a所示，来自米兰梅尔康提广场上建筑的片段；b来自科莫的市政厅；可以将a和b与来自索尔兹伯里的c和d进行比较；e和f来自诺曼底地区的利雪；g和h来自什罗普郡的文洛克修道院。

现在，读者已经掌握了一般意义上檐壁建造涉及的知识，檐壁要么作为墙体顶部进行设计，要么作为承托上部荷载进行设计。要是上部荷载较大，就有必要间隔设置托架梁，尤其在出挑较大的同时还要承托较大荷载时，比如在上方设置廊台时。这种带有托架梁的檐壁，无论出挑深浅，都独立构成一种形式，且和屋顶或者廊台相连；如果

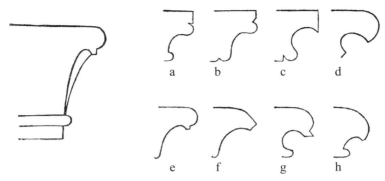

图 6　包含内曲线和外曲线
的滴水石示意

图 7　不同形式的滴水石比较

没有上方的荷载，就没有必要在檐壁或者滴水石处设置支架梁（尽管这样做有利于构成统一的式样）；只要设置支架梁，就意味着上部有屋顶或者廊台存在。这种形式与屋顶或者廊台的建造密切相关，因此，尽管现在讨论的是"檐壁"，我们称之为"屋檐"。

　　我们还未为屋顶的讨论作好准备。我们已经讨论了建筑的第一项分类，也就是说，我们对墙及其基本要素有了一个大致的概念。接下来，我们要讨论支撑柱及其基本要素，即关于建筑第二项分类下的研究主题。

# 第七章　墙垛基础

在第三章中，已经论及当一堵墙需要承受垂直方向的额外压力时，最合适的方法一般是考虑增加墙的厚度；当压力非常大的时候，墙就加厚、聚集成为墙垛。

首先我需要对墙的聚集作出说明。举个例子，取一张厚绘图纸或布里斯托尔产的薄纸板，约五六英寸见方。把它放在桌子边上，在侧缘压上一本小八开本的书，这张纸将瞬间弯曲。如果将纸片裁成四个长条，每一条都紧密地卷起来，竖起来放在桌子上，那么它们可以一起很稳当地承托一本小八开本的书。用来承载的纸，其厚度或材料并无变化，只是排列方式有所不同，也就是刚才说的"聚集"。因此，如果一堵墙像这块布里斯托尔纸板一样被卷起合拢，将比它仅仅是一堵墙时承受更大的重量。聚集在一起的墙叫作墙垛。墙垛是墙的聚集。

但是，你不可能像扭曲布里斯托尔纸板那样处理墙壁，让我们看看如何处理。如图8所示的A是一堵墙的平面图，很厚，既不方便也很昂贵，但对于承载要求来说，仍然有点太弱，我们把它分成相等的空间，如图8中的B，并依次命名为a、b、a、b等。在a标示的位置两

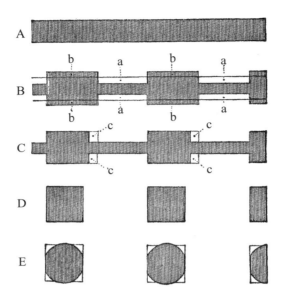

图 8　墙体到墙垛的演变示意

边进行切凿，并将切下的部分补全到b的两边，就会得到B所示的平面。现在，用砖的数量完全相同，但是墙的受力更为集中。如果承载力之前只是稍弱，现在则会比它需要的略大。因此，可以通过切掉较厚部分的边角来进一步节省空间和砖块，如图8中C的四处c所示，这样就得到了一系列由墙连接的方形墙垛，占用更少的空间，使用更少的材料，完美地完成墙A所要承载的工作。

我没有确定在c角位置到底可以切掉多少材料，这是一个数学问题，在这里不需要耗费精力进一步讨论。读者所需要了解的是，当我们从"a"处切凿下每一片材料，并放置在"b"处时，可以按照一定比例作空间变化和砖块增减，假设我们不再需要使用墙，那么我们就使其持续变薄，就像阿韦纳夫人的腰带一样，最后断裂，仅余一组方形墙垛，如图8中的D所示。

但是，我们还没有找到一种既能节省空间又能节省材料的形式，目前尚未做到，为了进一步探索，我们必须把道德层面和数学层面的一般性原则也应用到墙的处理中，探索当材料、人和思想的力量尽可能交汇于一点时，墙垛所能达到的最好效果。

我们希望对方形墙墩承载力的考虑能够应用这样一种集中到一点的方法。然后我们当然会把所有处置方法都以这一点为中心进行考虑。但是现在材料并非交汇于一点。那些在角落的材料与其余材料之间，距离差得很远。

现在，如果墙垛的每一个部分都尽可能靠近中心点，那么墙垛的横截面形状应该采取圆形。

因此，自始至终，圆形截面都是墙垛可能采用的最佳形式。圆形墙垛可以被称为支柱或圆柱，所有需要垂直支撑的优秀建筑都是由柱子构筑的，历史上一贯如此，只要宇宙定律依然成立，就必然如此。

最后一种情况用E图来表示，它与D有一定的关系。可以观察到，虽然每个圆都比它所形成的正方形的四边突出一部分，但在角上切掉的部分比在边上增加的部分要大，因为，要想使材料更为紧密地布置，我们必须在其最后的变化中再舍弃一部分，正如在其他形式中的做法一样。

现在，当我们把墙分解并聚集时，墙基础和檐壁该如何考虑呢？

墙基础也将被分解并聚集，成为柱基础。

檐壁也是如此，分解并聚集，成为柱头。不用对新词感到惊慌，它并不意味新事物。柱头只是柱子的出檐，如果你愿意，也可以把墙的出檐当作墙的"柱头"。

# 第八章　拱曲线

在前文中，我们已经探讨了在考虑节省空间和材料的要求时，如何将垂直方向的承载结构聚集为墙垛或者柱子，并按照某些中心点进行排列提供支撑。下一步的问题是如何将这些点或柱的顶端相互连接起来，并能够在上面形成连续的屋顶。正如之前一样，读者可以根据下面的办法进行探讨。

如图9所示，假设s代表两根柱子，含有柱头，为承载屋顶作好了准备，而a、b、c分别是六块尺寸不一的石块，其中a石块又长又大，两块b石块稍小，还有三块c石块更小一些。读者可以在其中任意选择石块，按照自己的喜好来连接柱子的顶端。

我想他会先试着举起a这块大石头，如果可以的话，他会很简单地把它放在两根柱子的两端，如A所示。

这么做的确非常好，他做了许多希腊建筑师都认为非常聪明的事情。但假设他不能举起大石块a，或者假设他未被提供石块a，只得到两块较小的石块b，他无疑会试着把它们放在一起，互相倾斜，如d所示。这么做比较糟糕，比用纸牌搭房子还低劣。但如果他把石头的角切掉，使每一块石头都变成如e所示的形状，它们就可以非常牢固地

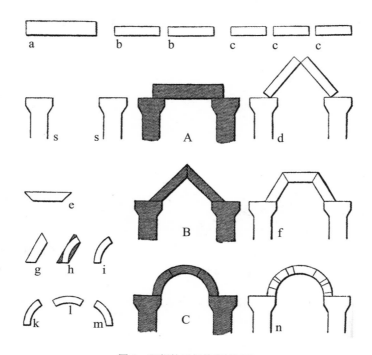

图9　两根柱子间的连接示意

进行搭建，如B所示。

　　但是假设他连这些石块都举不起来，只能举起三块石块c。那么，他无疑会把它们切成如e所示的形状，按照如f所示进行搭建。

　　最后这种做法看起来有点危险。是否可能造成中间的石头对其他石头产生外推的作用力，或者把它们向上倾斜推到一边，并在当中滑脱呢？这种可能性是存在的，如果稍微改变石头的形状可以减少这种可能性，那就更好了。我现在必须说"我们"这个用语，因为也许我真的必须协助读者进行接下来的思考。

　　通过观察我们可以看出，这里的危险在于，如f所示，最中间的石头会把侧边的石头推出去。如果我们能为侧边的石头设计一种形状，让它们互相存在侧推力，通过自身的重量来抵抗这种互推作用，那就可以正好与它们侧倒的作用倾向相当。取出其中一个作为例子，如g所示的石块有可能像比萨斜塔一样屹立不倒，但我们希望它具有侧倾力。假设我们切掉如h所示的阴影部分，保留石块如i所示，很肯定的是，它现在虽然不能单独立住，但将完全符合我们的设想。

更进一步来看，如f所示，中间的石块带来的困扰主要是因为它自身的重量，在其他石块之间造成向下的推力，因此把它变得越轻越好。我们把它切割成与侧面石块完全相同的形状，把阴影部分凿掉，如h所示，现在把它们再次放在一起，得到如C所示的形式。我认为，现在读者会毫无疑问地得出，如C所示的设计相对于如f所示的设计而言，产生了更让人满意的效果。

现在，我们已经有三种搭建方式，第一种是只使用一块石块，第二种是使用两块石块，第三种是使用三块石块。第一种搭建方式没有特别的名称，叫作"平过梁"，单块石块（或梁）被称为过梁；第二种搭建方式叫作"人字梁"；第三种搭建方式叫作"拱梁"。

在这些搭建方式中，我们可以用木料代替石料，如果木块像石块一样保持松散摆放，在设计上就没有区别。但是如果横梁的两端变为木料后，可以牢固地钉在一起，那我们就不需要太担心它们的形状或平衡问题，因此，如f所示的搭建方式还代表一种特定的木结构（读者无疑会在其中辨认出许多风土建筑上存在的三角屋架轮廓）。同样，由于与石料相比，木制的横梁更为坚韧、轻巧，且可以变得更长，它们可以非常广泛地适用于如A和B所示的结构，即平过梁和人字梁，而如C所示的拱梁，大部分由砖和石块构筑。

但是，更进一步来看，A、B和C三种结构虽然可以方便地被认为是由一块、两块和三块石块构筑而成，但事实上并不一定如此。当我们把构成拱的石块切割成如k、l和m所示那样的形状时，尽管它们的数量、位置或大小有所变化，它们还是可以被构筑成一体。如n所示，拱的最大价值在于，它允许更为安全地使用小石块替代大石块来搭建，大石块通常做不到这一点。切割成k、l和m形状的石头，不管尺寸如何（我特意把它们都画成了如n所示的大小），法语里叫作拱石（Voussoirs），这本是一个生硬、难念的法语词汇，但是读者也许能够记得住它，那就将为我们省下一些麻烦，为了弥补这一点，我将给它另一个词——拱顶石。每一块拱顶石都同样重要，人们通常只会将最后放入的那块石头叫作拱顶石，而这块石头一般恰好在拱的顶部或中央的位置。

不仅仅拱可能是用许多石块或砖构筑的，平过梁也是如此。读者可能会在伦敦大多数砖结构房屋的窗户上看到以这种方式构筑的平过梁，三角梁也是如此。因此，关于构筑方式产生了两个不同的问题：首先，它的线形或方向该是什么样的，如何赋予它力量？其次，它的砌筑方式该是什么样的，如何使它具有一致性？其中，关于第一个问题，我将在本章的"拱曲线"中考虑，所使用的术语"拱"包括所有相关形式的建筑（除了曲线的讨论部分，不会有太大麻烦）。在下一章中，我将考虑第二个问题，即"拱砌筑"。

拱曲线是拱的灵魂或骨架，或者更确切地说，拱曲线如同脊椎的内髓，而拱石如同脊椎的外骨，在它们共同作用下，拱保持安全和稳定，并构成了拱的外形。建筑师首先要在脑海中构思和塑造这条拱曲线，需要考虑试图扭曲它的外力。他要设计曲线本身，使之尽可能强

大地抵御外部阻力，然后使用拱石和其他材料，使得拱实现其功能和
职责，并保存外部形状。所以，拱曲线是拱的品德之体现，不利因素
如同对它的诱惑，而拱石以及我们可以用于构筑的其他材料，犹如它
的盔甲和良好行为的动机。

　　拱的这种道德特征，被建筑师称为它的"阻力线"，精确计算阻
力线需要缜密的思维，就像有时需要精确的思维才能找出人类真正的
道德行为路线一样。但是，在拱的道德和人类的道德中，存在一个非
常简单和容易理解的原则，即如果拱或人类暴露在特殊的诱惑或不利
的外力之下，拱石或精良的盔甲都会倒下。如果拱的阻力线位于拱石
的中心，就可以保证绝对的安全：当阻力线靠近拱石的边缘时，拱就
处于危险之中，就像人类靠近诱惑一样；当阻力线超出拱石时，拱就
崩碎和塌落。

　　因此，准确地说，存在两条拱曲线。一条是拱的可见外轮廓曲
线，通常被认为是拱石连在一起的下边缘线，与拱的稳定性没有太大
关系，就像一个人的外貌与他的内心没有直接关系一样。另一条拱曲
线即阻力线，或者说良好行为的标准，这条曲线可能与拱的外轮廓曲
线不一致。如果不一致的话，那么拱的安全性就取决于此，即构筑拱
的拱石的宽度是否足以包括这条拱曲线。

　　当读者被告知，阻力线随着拱上方承载重量的位置或数量的变化
而变化时，会立刻发现，我们无法根据良好行为的标准来设计拱：我
们只能把表面的拱曲线，也就是可见外轮廓曲线作为设计拱的基础。
在本章中，我们略微探讨了拱的形式或轮廓，在接下来的章节中，将
讨论如何使用拱石和其他材料，加固可见的拱曲线，防止其失稳。

　　回到图9，A可以抽象为一条普通的水平线，如图10的a所示。B

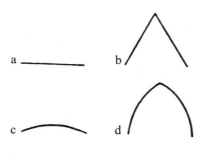

图 10  平过梁、三角梁、拱、尖拱示意

可以抽象为两条直线相互交叉，如图9的b所示。C可以抽象为某种待确定的曲线，如图10的c所示。那么，由于b是由如a所示的两条直线相互交叉组成，我们也可以设想d是由如c所示的两条曲线交叉组成。d被称为尖拱，这在术语上是矛盾的：它应该被称为弯曲的山墙，但它只能保留尖拱这一名称。

现在，如图10所示，a、b、c、d依次代表平过梁、三角梁、拱、尖拱。关于平过梁，我们不需要过多深究，因为它未产生变化。但是，其他三种形式产生很多变化，通过研究b和d的式样可以寻找规律，它们从属于c的简单拱形式，并随之产生变化。

许多建筑师，尤其是拙劣的建筑师，对设计各种奇特形式的拱兴致勃勃，比如椭圆拱、四心拱等。而优秀的建筑师通常满足于上帝创造的拱曲线，如天穹、彩虹，以及日落和日出时的自然弧形。让我们在太阳上升的时候观察它一会儿：当它上升并露出四分之一时，它会显示拱曲线a，如图11所示；当它向上升起露出一半时，显示拱曲线b；当它向上升起四分之三时，显示拱曲线c。在这变化之间，将出现无数的拱曲线，但我们把以上三种拱曲线视为典型代表。a是浅拱，b是中心拱或正拱，c是窄拱，太阳用光线为我们勾画了拱石。

我们将依次在这三种不同的拱曲线上找到顶点，各画两条线连接底线两端，得到如图11中的d、e、f。这些线形成对应的三角梁，d是意大利或南方的三角梁，e是中心三角梁，f是哥特式三角梁。

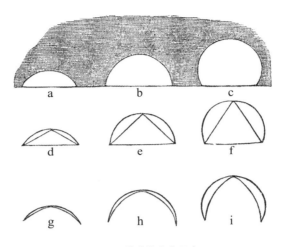

图 11　拱曲线变化示意

　　再依次得到圆拱和三角梁之间的拱曲线，如图11中的g、h、i所示。将其看作圆拱中的尖拱形式，于是，g是平尖拱，h是中心尖拱，i是窄尖拱。

　　如果这些中间曲线的半径以f底边作为基线，最后就形成等边窄尖拱，在哥特式建筑中这种拱是非常重要的。在三组三角梁和圆拱之间的部分，可以得到无数不同半径的拱曲线，记住，这三种拱曲线本身就代表着无限变化的形式，从最平坦的曲线到变为半圆形、马蹄形，直到全圆形。

　　中心拱和最后一种拱是最重要的。中心圆拱或半圆形拱见诸罗马式、拜占庭式和诺曼式建筑，对应的尖拱隶属于哥特式建筑。马蹄形圆拱见诸阿拉伯式和摩尔式建筑，对应的尖拱涵盖阿拉伯窄尖拱的所有种类，以及英国早期和法国哥特式的全部类型。我提到的尖拱，指的是以等边窄尖拱为特征的所有拱形。在它和马蹄形圆拱之间，当后

图12　马蹄形尖拱示意

者的拱加高时，读者会发现马蹄形尖拱这一伟大家族，它们也是非常重要的曲线，其与英式窄尖拱都属于马蹄形圆拱所对应的尖拱（图12）。

　　以上描述的拱曲线都是由圆弧构成的，囊括了所有建筑中最为实用和优美的拱曲线形式。我相信，在现代设计中，单一或者复杂的拱曲线都被采用，但一般而言，读者对此不会有太多的思考。据我所知，佛罗伦萨的特里尼塔桥是这一类结构中最为优美的例子，拱的运用极其微妙，接近于浅椭圆曲线。在一般的作品中，较为粗犷的尖拱被称为四心拱，由许多圆弧组成，也常被英国建筑师使用。我相信，高椭圆拱存在于东方建筑中。虽然我未大范围地见过实例，但它保留在威尼斯公爵宫后部的壁龛中，与一个奇异的双曲拱一起出现，其曲线如图13中的a所示，相关部分将在下文描述，此处不再赘述。

　　然而，需要关注的是另一种特殊形式的拱，即属于英国垂直哥特式风格的四心拱。

　　我们可以取如图11所示任意一种式样的三角梁（假设是等边三角梁结构），也就是如图13所示的b，虚线代表对应的尖拱，显然可以想象一个三角梁内侧的反向曲线形成的拱，如该处的内部线条所示。读者此时已经对拱的本质有了足够的了解，三角梁外侧的曲线可以具有不同的强度或稳定性，一旦采用内侧的曲线形式都会使得结构受力性能损失、分散。这种反向拱形结构由于自身重量而分解的自然趋势，使它有一种令人厌恶的丑陋特征，无论它在哪里如何大规模地出现，都无法避免这一让人烦恼的缺点。这也是都铎王朝时期建筑作品

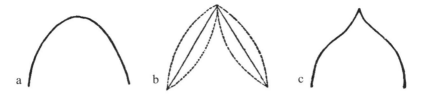

图 13　正向和倒向拱曲线示意

的显著特征，也是中国式屋顶的常见轮廓（我之所以说是大范围的，是因为这一形式及其衍化以小规模建造的时候才可能具有足够的稳固性，否则就有倾覆的危险）。我在屋顶的相关章节中会提到一些可用的变化形式。

　　我们将不得不注意到，拱还有一种形式。当前述拱并非作为结构形式的主要部分使用，而仅仅运用于尖拱的顶部时，那么我们就得到了如图13所示的c。这比完全使用倒拱要好，有以下两个原因：第一，被反转削弱的曲线所占的比例较少；第二，双曲线具有很高的美学价值，这种美的感受在圆曲线中不存在。由于这些原因，这类拱曲线不仅被允许，而且特别是当其尺寸和砌筑达到稳固要求时，甚至还是非常可取的形式。但是当规模超过可以接受的范围时，就显得很野蛮。都铎式建筑对于此类倒拱的肆意滥用，成为从古至今所有建筑流派中非常糟糕和卑劣的特征之一。

　　这一双曲线被称为双弯曲线，它出现于许多建筑轮廓上，比如德国建筑的铅制屋顶、土耳其建筑的圆顶（在那里这种形式情有可原，因为设计精妙的拱与下面墙壁有同样的线条，式样具有一致性）、都铎式建筑的角楼（譬如亨利七世的礼拜堂），它出现于全世界各种各样错误的建筑中。

# 第九章　拱砌体

　　关于拱的稳定性问题，已经花去不少篇幅讨论，接下来还需要不少说明。因此，读者不应期望我在仅仅一章的范围内对它的情况作出任何完整的解释。但是他所需要知道的部分是非常清晰和容易的。然而，我相信，这些内容很少为人所知或注意。

　　首先，我们必须清楚拱的含义。这是一种由坚固材料构筑而成的弯曲外壳，在它的上方，松散材料构筑而成的结构体需要具有承载力。如果上方的材料本身并不松散，而是紧密地结合在一起，那么下方的开口就不算拱，而是一个洞穴。请读者非常仔细地注意这一差异。如果撒丁岛国王像他设想的那样在塞尼山中挖掘隧道，那就没必要在隧道下再建造一个拱来承载塞尼山的重量，因为这样就需要科学的砖砌工艺。塞尼山可以凭借自身的凝聚力，以及一系列看不见的花岗岩拱来提供承载力，这些力比起隧道本身更为巨大。但是当布鲁内尔先生在泰晤士河底挖掘隧道时，他却需要建造砖拱以承载六七英尺厚的泥浆和上方水体的重量。这是拱诸多类型中的一种。

　　因此，拱具有两大特质。当其砌筑是如前述塞尼山般的方式，与拱顶相比山体更为巨大和坚硬时，那么，拱只是岩石物质构成中的一个小小孔洞，拱的形式对岩石本身没有任何影响，拱可以是圆形的、菱形的、洋葱形的，或者其他任何形状。在最为高贵的建筑中，那些以砖石建造的建筑总是具有这类特征，它稳固地屹立着，不需要考虑凿洞的问题，也不会出现如沙子陷落于洞内般的情况。但是这一关于拱的理论并不适用于以下情况：使得如脊椎般作用的拱身曲线契合拱的阻力线，形成最佳承载状态；在拱的上部假设墙壁等带来的荷载处于流动状态，像水或沙子一样，它们将重量都压在拱上。这时担当构筑拱这一工作的人要解决的问题，就不仅仅是承受重量，还要设计出最小的拱厚。通过不断增厚拱的砌体层，会很容易满足承载力的要求。如果有足足六英尺深的沙子或砾石要承载，使用六英尺厚的花岗岩砌筑拱，毫无疑问，会使得拱足够安全。但这样设计有些过于昂贵。正确的做法是用六英寸厚的砖砌石承载，或者至少用最薄的砖砌石，同样做到结构上的安全。要做到这一点，就需要拱曲线的特殊设计。有许多设计方法都能做到这一点，但我们只需要参照最优秀的建筑，采取最简单和最容易理解的形式达到目标。首先，要注意那些自然界告诉我们的拱身曲线，我们将给出几个例子，来学习自然山体中的智慧，分析如塞尼山式的高超砌筑手法。

在这里阐述的内容，将适用于所有类型的拱，但是，中心尖拱是具有普遍说服力的类型。如图14的a所示，该尖拱外壳上面有松散的荷载物，假设你发现拱壳不够厚，且上部荷载过重，很可能会把拱压碎掉进洞里，于是，你开始加厚拱壳，但需要在拱的各个部分都同样均匀地增加厚度吗？并非如此，这么做只会浪费过多的拱石。如果你有常识的话，你会在顶部加厚它，就像磨齿兽的头骨也是出于同样的目的而被造物主加厚的（我想，人类的头骨也是如此），如b所示。

上方的鹅卵石和砾石会从左右两侧滑出，拱就像有了胸甲一样，外部射来的子弹只会滑落，不会带来射穿它的危险。

如果它仍然不够坚固，可以再加一层拱石，如c所示。现在底部的拱石也加厚了。但是，这可能会把拱顶升得太高，在顶部浪费了拱石，我们可以采用另一种方法。

我认为，如果读者对这方面的知识没有涉猎，那么依靠常识依然能够理解，如果如图14所示的a在顶部崩碎，那么底端就会向侧面凸出并崩碎。如果我们将两张纸板边对边地放在一起，用手向下压，会看到它们的侧面向外弯曲。因此，如果能在p处开始加厚，不管施加多大的重量，拱都不会在顶部出现弯曲，除非外部作用力把砌块完全压碎。

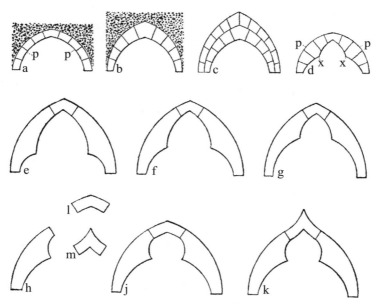

图14　拱石对拱形式的影响

现在，通过加厚 p，即使在 p 点外部加载，施加更多的重量，依然可以防止拱崩碎。实际上，这是通常的做法。假设上面的重量是沙子或者水带来的，这类物质都相当不可控制，就会无法将它们的压力导向我们选择的承压点。在实践中，确实会发生我们不能在 p 处对拱施加作用力的情况。有时我们还会在拱上方或者拱侧开洞，许多因素作用下，就出现了未在最佳承压点施力的情况。

但是，如果不确定能否在拱上方施加荷载，完全可以使下方受力。可以通过加厚拱壳来较好地受力，如 x 所示。现在，是否减少了拱在 p 点崩碎的可能？

因此，当拱的形状为 b 或 d 时，会比 a 更好地承受垂直压力。从世界范围来看，自建筑诞生以来，b 和 d 就是为抵抗垂直压力而建造的拱形。没有其他类型可与其比肩，除了这两种类型之外，其余拱的形式都是不够完美的。

在 d 的 x 处，增加的突出部分称为尖瓣，它们是北方最为优秀的哥特式建筑之灵魂和生命力所在。然而除了意大利完美展示了这种形式，北方国度的建筑师即便在最辉煌的时代，其加工所得形式也常流于粗陋。

在北方很少能见到 b 所示的形式，它常现身于伦巴第哥特式建筑中，根据不同的需要出现各种衍化和分支，或优或劣地存在于撒拉逊建筑①中。

---

① 译注：撒拉逊建筑，以清真寺和陵墓为主要类型，多以阿拉伯图案装饰建筑，并以圆顶和马蹄形券、弓形尖券和多瓣形券等为特征，分布于伊朗、中亚、印度等地区，伊斯兰建筑也常被笼统地称为撒拉逊建筑。

完美的尖瓣拱就形式而言是单纯之物。它很可能是由阿拉伯人发明的，且不是从构筑性考虑的，而是作为纯粹幻想性质的装饰被发明出来的。在早期的北方建筑中，通过石浮雕细腻呈现其叶状曲线，在《建筑的七盏明灯》的第三章，对此问题已有解释。然而，随着使用上的泛滥，尊严感渐失，丢失了真正的用处。在后来的建筑设计中，尤其是都铎王朝的建筑，尖瓣拱变得老态龙钟，完全是累赘之物，他们把石头一点一点从拱里捏出来，就像厨师在馅饼边缘捏角一样。

如图14中的e、f、g所示，对拱中心部分的形式进行了轻微修改，以便它可以延续尖瓣的曲线。如果没有相当精细的工艺，就不会得到这样的设计结果。尽管困难重重，这种形式在威尼斯取得了令人欣慰的进步。

图14中的h是威尼斯式建筑侧面拱石的形状，从拱脱离后便得到其图示。没有什么别的形式能比这一形式更好和更优雅的了，这样做可以成功地处理重量的问题，使它对应拱顶石如前所述的作用。在这里将拱整体分为三个部分，以便读者可以清楚地看到尖瓣的重量及其运用。

我们知道，威尼斯的哥特式宫殿通常至少有三层，每层约有十扇或十二扇窗户，在建筑两侧或者三侧分布，按此计算，总共有约一百到一百五十座使用侧石的拱结构。

毫不怀疑的是，可以观察到窗户的设计方式，拱石都是成对雕刻的，形如钩，其中拱顶石就像是眼睛。这些部位的侧石是由建筑师总体设计的，有时用于较宽的窗户，有时用于较窄的窗户，根据需要斜切末端，尽可能与拱顶石契合，并不时通过倒置侧石来调整构筑方式。

这种工作方式带来各种各样的好处。其中一个好处是，构成尖瓣的侧石总是被切割成完整的形状，拱顶石并不会使用尖瓣的形式，而是遵循外拱本身的曲线。尖瓣作为装饰的情况下，就可能完全独立于拱其他部分而设计。

现在让我们取出一对侧石，如图14的h所示，看看我们能做些什么。我们将首先尝试用一个契合外拱曲线的拱顶石来进行构筑，如j所示。读者肯定会认为这是一个很丑陋的拱。威尼斯有很多这样的建筑，无疑是那里最为丑陋的设计，威尼斯的建筑师也很快就意识到这一点了。那么他们能做些什么来改善呢？j有一个l形的中心部分，如果用m的形式来代替，我们就得到了如k所示的拱。

如图14所示，k不如j坚固，但是，由优质大理石建造，加上适当厚度，这种拱将非常坚固，足以满足小型拱的实用目的。我研究了至少两千扇该类型的窗户和其他威尼斯以反曲线装饰的窗户，使用普通侧石未使用尖瓣形的拱是最简单的形式。即使在最破败的宫殿里（不得不承受即将倒塌的墙壁重量带来的扭曲作用），我也没有发现拱的中心出现裂缝。这是窗户面临的唯一危险，但在其他情况下，它是非常坚固的拱。

# 第十章 屋顶

迄今为止，我们的考察还未涉及建筑物外部或内部的构筑问题。但接下来的研究有所变化。就建筑师而言，墙的一面与另一面没什么不同，但是对屋顶这个部分通常有两种结构划分；一部分是外壳、拱顶或内部可见的天花板；另一部分是上部的结构，用木材构筑，保护下部结构，或者采用别的形式来提供支撑。事实上，有时从建筑内部可见屋顶结构，有时屋顶由两个以上部分构筑，就像在圣保罗教堂中，有一个中央拱壳，其下方和上方各有一层面层作为覆盖。尽管如此，区分屋顶的各个部分还是很方便的，通常从内部可见的屋顶部分，其任务是稳固地支撑，防止屋顶坠落，在这里称之为屋顶本身；另一部分是上部屋顶，通常由下部屋顶支撑，与其说是保证其自身的稳定性，不如说是起到抵御气候变化的作用，这部分的主要功能是尽快排除雨雪，在这里称之为屋面。

然而，我认为读者没有必要讨论各种屋顶的建造方法，原因很简单，没有长期经验的人无法判断一座屋顶的建造是否精良。即使依靠大量经验的帮助，如果没有考察屋顶的各个部分和受力结构，也无法形成任何不同于一般评论家的结论。更为重要的是，在我们对威尼斯建筑的研究中，这方面的探索对我们来说可能是没有帮助的，因为此处的屋顶要么与建筑本身建造于不同时代，要么是平屋顶，要么是最简单的拱顶，威利斯在他的《中世纪建筑》第7章中对此进行了令人钦佩的解释，我可能会从中参考读者应当获悉的知识，集中于对拱各个部分与柱身的联系作若干论述。读者也可以读读加比特先生的《设计论》第185～193页中关于都铎式拱顶的段落。因此，我将止步于补充一两处这位作者未涉及之处，主要是关于屋面的若干内容。①

　　前文曾述及，在设计屋顶时不应增加对结构无益的材料。必须补充的形式指的是上一章中由其他曲线产生的形式，也就是说，学习马蹄形曲线和葱形曲线的各种东方穹顶和圆顶建筑，以及众所周知的中国式内凹形屋顶。所有这些形式当然纯粹是装饰性的，凸出的轮廓或凹入的屋面，与普通的尖顶和三角屋顶相比，在排除雨雪时能起的用处不大。让人感到相当奇怪的是，这些形式在德国和瑞士获得如此广泛的使用，那里的气候接近于东方，这么做的目的似乎是将光线聚焦在球体表面。我非常怀疑它们是否大范围适用于任何令人钦佩的高贵建筑，在欧洲人看来，它们的主要魅力或许是某种奇异的陌生感。在东方，这些特定的形式可能是令人愉快的，因为它隔绝了外部的冷空气。我之所以喜爱圣马可教堂的这一屋顶形式，主要是因为它们增加了圣马可教堂梦幻和不真实的特征，因为它们似乎与这一类型的建筑产生了共情，在展现着一种类似于自然的浮力，好像它们正飘浮在天空中或者海面上。但是，毫无疑问，它们不是推荐模仿的建筑特征。

---

① Willis, "Architecture of the Middle Ages," Chap. VII, Mr. Garbett, "Treatise on Design", pp. 185-193, 见原著附录 17。

　　由于环境和情感上的影响，陡峭的屋顶被北方人接受与热爱，成为普遍采用的形式。然后，人类大脑之中每一个令人愉快的想法都被欲望驱使趋于极致，在想象力的夸张作用下，陡峭的屋顶演变成各种各样的高耸的屋顶、尖顶和脊线。一个又一个的尖顶加在建筑的各个侧面，墙身的高度也成比例地增加，直到我们获得具有崇高感的建筑体量，但是其宗教信仰的原则并不比一个孩子用卡片搭成的高塔高明些。更重要的是，探究建造高塔的特殊爱好，背后的欲望是复杂的，它出自北方特有的怪诞。那里的人特别喜欢微小形式的不断重复带来的夸张阴影和力量感，对于完美的优雅和安静的真实却不再敏感，以至于一个北方的建筑师完全无法感受到埃尔金大理石的美，总会有人有某种能力去品味希腊艺术中更好的特征（身为献身于这一特殊流派的人），或者能够理解提香、丁托列托或拉斐尔。在意大利哥特式建筑的艺术家群体里，这种能力从未丧失，尼诺·皮萨诺和奥卡格纳[①]可以在一瞬间理解忒修斯，并从中获得新的创作生命力。毫无疑问，他们的学派是最伟大的学派，由最伟大的人执掌。那些从这一学派开始学习的人可以很好地感受鲁昂大教堂的高妙，与此同时，那些研究北方哥特式的人仍然停留在一个狭窄的领域——一个小尖顶、点状物、卷叶花饰、抽搐的面孔，他们不能理解一个宽阔的表面或一条宏伟的线背后的含义。尽管如此，北方学派是令人钦佩和愉快之所在，但低于南方学派。威尼斯公爵宫的哥特式建筑与世界上所有宏伟的建筑相协调，北方的建筑只与怪诞的北方精神相协调。

---

① 尼诺·皮萨诺（Nino Pisano, 1315—1370），意大利 14 世纪中期的雕塑家；安德里亚·奥卡格纳（Andrea Orcagna, 1308-1368），14 世纪中期杰出的佛罗伦萨画家、雕塑家和建筑师。

　　然而，屋顶结构的精神被忽视了，必须回到我们的正题。随着墙的高度不断增加，随着屋顶升高，墙的厚度如果保持不变，那么就越来越有必要建造扶壁来支撑墙。但是，这是读者必须特别注意的另一点，并不是所有陡峭的屋顶都需要支撑物，而是其下方的拱顶需要扶壁。屋面仅仅是由交叉的木头搭接在一起的木框架结构，在一般的小型建筑中，通常在地面搭建好屋顶，然后屋顶被提升到所需高度，像戴帽子一样将其放置在墙上，最后垂直支撑于上方。我相信在大多数情况下，北部建筑的拱之所以需要大量的外部扶壁，与其说是因为其自身形式的特殊和大胆使然，不如说是因为建筑的墙相对薄而高，以及屋顶的全部重量落在了某些特定受力点上。人们从外部无法看到内部框架结构（或真正的屋顶）在这些点上如何与扶壁连接，但是屋面与它所保护的墙顶的关系是完全可见的，这对建筑的效果非常重要，也是一个很好的主题，将在后续章节中予以考虑。

# 第十一章　扶壁

迄今为止，我们一直在关心垂直压力的承载问题，拱和屋顶被认为是抽象的受力形式，没有涉及如何抵抗侧向压力的问题。我无须提醒读者注意，如果拱或三角屋架没有在基础上由梁木连接，那么就会对墙壁产生横向推力，这种推力实际上可以通过增加墙壁或垂直墙垛的厚度来满足与维持。现实中，大多数意大利建筑都是如此，但是可以用更省的材料获得更优雅的效果，这种通过特定方式对抗横向推力的结构被称为扶壁。因此，我们接下来就将研究这一主题。

所抵抗的侧向力的特性和方向有所不同，据此扶壁就可以分为很多种。但是，第一种广泛的划分方式是根据作用于墙的不同侧推力来区别出不同的扶壁，譬如处于墙背风面位置的扶壁是一种起到对抗侧推力的扶壁。

墙承受的侧向力有三种不同的类型：永久荷载，如砖石或静止的水；可变荷载，如风或流动的水；偶然荷载，如地震、爆炸等。

显然，固定的荷载只能由起到支撑作用的扶壁来抵抗，在重物侧缘或自重方向上的扶壁可以增强支撑作用。这就形成了第一大类扶壁建筑，屋顶或拱顶的侧向推力，由外侧的砖石砌体支撑，内部推力对应外部支撑；或者就如同船舷侧的水流带来的压力被横木抵消，这时的推力来自外侧，支撑力由内部提供。

当然，变化的荷载可以由墙壁背风面支撑，但是通常情况下，可以通过设计独特形式的扶壁提供更有效的支撑，这种精巧的扶壁不适合直接承担重力作用，而是分散重物的作用力，使外力分散到墙体附近的各个方向上。

第三种情况：虽然冲击和振动下的外力作用实际上仅由支撑扶壁来阻挡，但必须由墙壁两侧的扶壁来形成支撑，这是因为这种作用力的方向无法预见，并且随时变化。

我们将简要地考察一下这三种扶壁，后两种情况对我们目前的研究目的来说并不重要，因此不妨先放一放。

**一、扶壁用于支撑外部变化荷载，结构对应外部荷载方向**

这种扶壁为人所熟悉的例子不少，比如一座桥的桥墩，它处于一股强大的水流中心，水流在桥墩边分流，被导向两边的拱洞。船头也是一种类似的支撑物，用以增强抵抗横向交叉力的作用。胸甲上的刺突也是一样的道理，是为了增加子弹从旁边滑落的概率设计的。在瑞士，扶壁通常建在山中教堂的建筑四周，向上伸展，分隔积雪，阻挡雪崩。这种形式的扶壁也通过不同方式应用于各种环境之中，比如桥墩、海港码头和灯塔基础，能起到对抗海浪冲击的作用。但是，在装饰性建筑作品中，这样的扶壁很少出现。我们在此处的定义只是为了标记它们在建筑体系中有其位置，但在我们的主题探讨之中，基本不会涉及此类情况。除非在个别情况下，比如宫殿的基础在海水的袭击中发生偏转，或者运河桥木桥墩在水流中出现松动，才会对此扶壁形式有若干探讨。

### 二、扶壁用于防止震动

这种扶壁结构是通过扩大墙的底部，使其更为稳固，就像一个人在可能失去平衡时会采取双脚分开站立一样。这种如同金字塔的形式也是非常有效用的，可以抵御炮击。如果下部的一块石头或一层石头被冲击，整个结构的上部不会因此倒塌。这种扶壁形式有时应用于墙的某个特定位置，有时则沿着墙体底部形成巨大的斜坡，在常遭受地震威胁的地区，这种结构很常见。它们也给那不勒斯王国的绝大部分建筑添加了浓重的一笔，这种形式是寻求力量和坚固性的自然结果，它们也是埃及城墙斜坡上被采用的形式。华威城堡的盖伊塔是其在军事领域中大胆的运用实例。一般来说，堡垒和城墙的作用也类似，既要具备稳定的抗冲击性能，也要具备支撑墙体后部土荷载的能力，这就使得其结构情况较为复杂。

### 三、扶壁用于支撑恒定荷载

这种扶壁是我们主要研究的对象，它通过两种方式来达到抗衡作用力的目的，一部分是靠它自身的重量，一部分是靠它自身的强度。当它的质量足够大，以至于它支撑的重量不能晃动它时，那么外部作用对其无效。在这种情况下，扶壁的形状和它建造材料的致密与否不会带来多大影响。靠墙放置成堆的石头或沙袋，以及堆砌的块状物都可以很好地说明这一点。

但是，一个靠自重起支撑作用的扶壁不足以通过惯性抵消外部作用，它通过把重量传递给其他东西做到这一点。例如，一个人用手靠在门上，支撑自己站在地上，通过他的身体向地面传递这扇门开合带来的作用力。这种方式下，起支撑作用的物体必须由完全致密的材料制成，并且非常坚固，这样即使外力很容易移动它，它也不会被破坏，且保持原状，这种扶壁可以被称为传递性扶壁。实际上，这两种作用总是以某种方式结合在一起。也就是说扶壁要承受的重量可能平均地作用在整个墙面上，或者在特定点上作用力较大。当它作用在整个墙面上时，通常都均匀地受到结构上的支撑。这种形式就成为我们常见的壁垒，如堤坝或水库的堤岸。

　　然而，建筑的侧向力很少是均匀分布的。在多数情况下，屋顶带来的重量或任何横向推力，常常集中作用于某些点和方向。在建筑科学的早期阶段，这种方向明确与否并不清楚，扶壁受到不断变化的作用力，对应地将墙加厚成方形墙垛，其受力部分是靠墩，部分是靠扶壁，就像诺曼建筑的城堡和塔楼一样。但是，随着科学的进步，荷载被有计划地施加在某些点上，力的方向和大小可以被精确计算，并通过尺寸尽可能小的扶壁来满足支撑要求。反过来，通过自重起支撑作用的垂直扶壁，将荷载转移到别的物体上。因此，在这种形式的最佳示例中，外力可以被认为是类似于电流冲击，通过各种导体和通道分流并传递到大地。

　　为了给起到传递作用力的垂直扶壁以更大的自重，它们被装上尖塔，然而我相信，在尖塔显得非常突出的建筑中，其作用仅仅是装饰性的。它们确实由于自身的重量而有些结构上的用处，但如果这是它们被放置在那里的目的，或许几立方英尺的铅制小尖塔将更好地满足目的，且没有任何暴露于风雨之中的不利影响。如果读者愿意询问任何一位哥特式建筑的设计师，是否可以用一块铅来制作尖塔，对方的表情可以告诉他尖塔的装饰作用是如何重要。关于这一类型的实例，其简洁和雄伟的杰出样本出现于法国博韦主教堂的后殿，簇拥的小尖塔没有带来特定的结构作用，仅仅是为了愉悦眼睛和衬托扶壁之闪耀而设计，就好像在建筑各角设计不同的柱子一样。在其他高贵的哥特式建筑中，小尖塔还被作为摆放雕像的位置使用，对于结构也不起作用。在有些时候，比如维罗纳的坎斯诺拉之墓中，独立于建筑的小墙垛上也有这类小尖塔存在。

因此，我相信尖塔的流行部分反映了北方哥特式建筑的建造特点及其如画性。如果找不到放置尖塔的地方，哥特式建筑的建造者会把它们放在拱的顶部（他们经常放置在三角形山墙和山花的顶部），却并不放弃使用。但是选择放尖塔的位置还是为了增加而不是减少建筑的稳定性。也就是说，应该将尖塔放置在其主墙垛和垂直扶壁上。因此，建筑最终被完整的独立墙垛和尖塔群所包围，每一处扶壁都支撑中央墙体，看起来就像一群巨人用长矛枪托支撑着它。这种设计将意味着巨大的占地，扶壁间留出来的空间则通常被围起来作为小教堂使用。

这种设计的科学性已经成为哥特式建筑的设计师热情宣扬和追寻的主题，在某种程度上看，几乎和文艺复兴时期建筑师对希腊建筑的褒扬态度一样毫无道理。事实上，整个北部哥特式建筑的扶壁支撑系统是基于教堂后殿对于高大窗户和大量光线的要求而产生的。为了获得更大采光量，窗户之间的墙宽被不断减小，直到它们已经无法有力地支撑屋顶，因而结构上改由外部扶壁完成支撑。而在意大利，光线与其说是被极度渴望的，不如说是被频繁畏惧的。于是，墙在窗户之间就可以足够宽，并得以支撑屋顶，墙就这样被保留了下来。事实上，对于结构系统上的差异，最简单的解释是，北方教堂的后殿是南方教堂的后殿里的墙垛往一侧转动后形成的。因此，图15所示的a就是南方后殿半圆形建筑平面的一般形式；所有窗间墙被侧向摆放后，

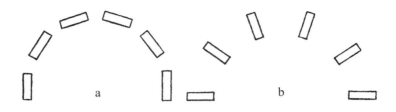

图 15  南方与北方后殿形式示意

就会形成如b所示的形式，而这也就是北方教堂后殿的一般平面。在
建筑内部，这样放置窗间墙可以获得更多的光线，但建筑外形被拆得
很零散，不再是圆形或者多边形，于是就仅适合添加装饰填充期间，
还形成很多昏暗潮湿的隔间，我从未找到过有任何办法可以使得这种
装饰让人感到满意。如果这个结构系统进一步扩展，那么可以增添第
二层甚至第三层扶壁，于是建筑就由同心的两排或者三排扶壁支撑，
只有中心位置的扶壁可以接触到屋顶，由壁肋支撑中间的屋顶重量。
当人们习惯了意大利教堂后殿醒目而简洁的窗间壁之后，就会觉得这
样的形式特别难以接受。在威尼斯待了几个月后，我逐渐觉得布尔日
大教堂看起来就像是一艘建在河岸边尚未完工的船只。然而，争论两
种结构体系的优劣是没有什么用的，两者都是高尚的创造。北方建筑
无疑是最科学的，或至少是科学得以最大化应用的证明，意大利式建
筑是最为平静和纯洁的，崇高感如同人们身处于平静的天堂或无风的
午后，与此相对的另一种感受则是如同目睹遍布沟壑和悬崖的山坡持
续遭受来自北风的折磨。

　　如果我成功地让读者理解了扶壁的真正作用，他就将毫无困难地
确定其最合适的形式。他必须处理两种截然不同的类型；一种是狭窄
的垂直扶壁，主要靠其自身重量起作用，顶部是小尖塔；另一种通

常被称为飞扶壁，从墙垛（如果从建筑主体上拆解下来看的话）朝向主墙设置横撑。后者被认为仅仅是一种辅助支撑物，关于哥特式建筑设计师会使用飞扶壁的原因，我们可以推测一下，大概是建筑墙体过于薄，因而需要以石制横撑来代替木制横撑。我有些怀疑这种方式的真正意义，但无论如何，飞扶壁的优点取决于它忠实和明确地执行了甚至有点卑微的功能。因此，就其最初的形成而言，它只是一块倾斜的石头，下面有一座拱来承载它的重量，防止重力作用使其偏转，或由于侧向推力向下断裂。在巴黎圣母院和博韦主教堂中，这一形式都相当简单地被应用了，在科隆大教堂中，倾斜的石制横撑上雕刻着四叶饰，在亚眠大教堂中，以窗花格作为下部拱的装饰。后两者在我看来都过于纤细和虚假。当然，这并不是说，如果明明可以让飞扶壁变轻，还有必要让其停留于沉重，但这么做多少是为了装饰性牺牲了安全性。在亚眠大教堂里，这种设计的缺点展露无遗，早期的窗花格饰已经被卑下的火焰纹窗花格所取代。关于后来发生的形式退化，我在《建筑的七盏明灯》有所论述。

扶壁的形式一般而言是为每位读者所熟悉的。如果扶壁建在低处的话一般是倾斜的，如果把它们建在高处，需要逐步上升。当它们服务于自身的功能时，显得很有尊严，但即使在最优秀的例子中，它们尴尬的斜角依然是北方哥特式建筑非常难处理的特征之一，其小规模组构摧毁于不必要的滥用之中，直到扶壁变得与柱子混淆，我们惊讶地发现，在北方的教堂建筑中，小型扶壁仅仅起到垂直支撑的作用，而在晚近的例子中，这一原则被扭曲到如此程度，以至于小型扶壁看起来仿佛是以尖尖的顶端支撑整个上部建筑，就像牛津的克兰默纪念堂一样。事实上，在大多数现代的哥特式建筑中，建筑师认为扶壁是空白建筑表面的合理间歇，也是对死板墙壁的某种弥补。建筑师应当是出于某种想法，我甚至认为这种想法带着一些神圣的味道。否则，人们很难理解为什么一个七十英尺高的仓库没有这种东西，一个可以脱帽进去的小礼拜堂里，每个角落都有一堆这样的东西。更糟糕的是，当扶壁没有结构性用处的时候，甚至会被认为是纯观赏性的。这些愚蠢的外部轮廓被作为某种装饰，在西大街的圣玛格丽特教堂里甚至每一把长椅两端都带有几个扶壁。

　　这些不明智的滥用，让人几乎不可能不带着某种程度的偏见来看待扶壁。我认为这是许多优秀建筑师对于哥特式建筑流派存在厌恶情绪的合理原因之一。然而，当扶壁的形式单纯，充分服务于功能时，它就能受到尊重。但是出于懒惰或虚荣心使用扶壁，以此增强结构的复杂性，或使设计趋向空洞，都会造成哥特式建筑最大的失败。

# 第十二章　重叠

读者现在对建筑的各部分特征有了一些了解。不管建筑的性质如何，是一座大厦，还是由石块砌筑而成的金字塔或堤坝，又或者是由一大块石头凿成的方尖碑，都可以被分解成我们迄今为止一直在思考的建筑构成：尖塔可以分为柱子和屋顶，支撑构件可以分为柱和拱，或分为间隔开洞的墙及其支撑性扶壁。通过理解这些构成上的特征，我相信读者对于建筑的优劣与否已经能形成合理而明确的判断。基于建筑构成形成的判断，在很多情况下，完全能够推出对于建筑整体的评判。

各个部分能够自由组合出各种建筑形式，不同的形式和表达都具有不同的优点，显然我不能一一列举，也不能用一般性的规律来总结。建筑的高贵与否取决于它的合目的性，其目的则随着气候、土壤和当地民族习俗有所变化。不，也许从来没有两座建筑能够一模一样，完全没有某种平面或结构上的差异。因此，关于建筑的平面设计和结构问题，我不希望形成任何普遍性的法则。但是，有几点需要注意，即关于不同平面的建筑如何提升高度，以及建筑叠加层的处置方式和设计途径。

在之前的讨论里，我一直认为单个柱子可以贯通到建筑的顶部，或者当建筑需要增加高度的时候，可以通过提高拱顶下方的墙来达到目的。然而，采用较低的拱或较低的墙，用线脚层或墙檐隔开后，在其顶部继续叠加柱列或墙体，可能是相当有利的。

这种重叠以最为简洁的形式出现在希腊神庙内部的柱列设计中，并且已经在几乎所有的国家里被广泛使用，这些国家的建筑都是为实现目的而设计的。反对它的呼声不少，但其存在显得如此必要，人们也不得不接受。因此，反驳贬低它的观点只是在浪费时间。然而，反对者有理由这么认为，如果一栋建筑可以保持巨大的体量，而不牺牲对于观察者的可见性，那么在它大到无法用眼睛判断其比例之前，把建筑分解成多层建造是不够明智的。建筑上的分割能够标记其体积，装饰性划分往往随之产生。这种划分本身是有利的，增加而不是破坏了建筑形式的整体感。

重叠建造的方式被广泛运用，一般分为两种相反的方式，一种是把重结构重叠于轻结构之上，一种是把轻结构重叠于重结构之上。如果使用重结构和重结构互相重叠，轻结构和轻结构互相重叠，那都是错误的。

重结构重叠于轻结构，不是指重结构重叠于弱结构。比如人体和四肢的关系，是一种重结构重叠于轻结构的方式；树枝和树干的关系，是一种轻结构重叠于重结构的方式。在这两种情况下，结构都能满足支撑的要求，形式根据需求有所变化。当上方的重量使得下部结构处于被动时，没有什么比缺乏足够的支撑更让人痛苦的了。然而并非所有的建筑都是被动的，有的建筑似乎能够凭自己的力量升腾，有的建筑似乎能够凭自己的浮力漂移，穹顶不需要可见的支撑，因为人们想象它是在空中飘浮的。不过，被动的建筑如果缺少必要支撑是不可忍受的。在牛津街86号一栋新建的房屋里，第二层的三根巨大的石柱由一层的三块平板玻璃的边缘作为支撑。我不知道有什么情况能比得上以上这种痛苦，其他一些隐藏铁制构件的车间构筑物也是如此。即使这些铁构件能被看到，眼睛也永远不会对其安全性感到满意，就像现在，五六十英尺的墙重叠于还不及一页纸宽的铁柱上。

这种重结构重叠于轻结构上的建筑形式，在很大程度上是出于各种必要的考虑，建筑有人居住的部分相对于地面应被抬高，特别要隔离那些暴露于潮湿地面或洪水中的部分，随之而来的结果是建筑地面层的废弃，或转为公共空间继续使用。因此，在不少市场和城镇中，建筑的地面层是开放的，作为一处有遮蔽的空间，由柱子提供支撑。在几乎所有气候温暖的国家里，拱廊可以保护行人免受强烈阳光照射，有时候出于建造上层大空间的意图，也会出现同样的地面拱廊结构。

在整个威尼斯群岛中，建筑普遍以这种方式建造，几乎所有古老的宫殿都有完全开放的地面层，宫殿的上方楼层支撑于宏伟的拱结构上，较小的房屋也以同样的方式支撑于木制的柱结构上，这一特点也仍然保留于许多庭院中，在穆拉诺岛的主要街道上，到处都有这样的建筑。随着土价越来越高，房间则变得越来越稀罕，这些底层开始被柱子之间的墙围合起来使用，但保留了原来的结构，在整个城市中，这样的结构类型在公爵宫中有上佳体现。

由于这种重叠式的建造，我们拥有了世界上最为如画的街道，以及最为优雅也最为奇异的建筑，从阿尔罕布拉宫（一座美丽的建筑，以装饰作为基础）多柱式的幻想到瑞士小屋①四柱支撑式的简洁。不仅仅如此，大教堂的大部分艺术效果来自重叠式的建造方式，拱廊和带高侧窗的墙壁重叠于教堂中殿的柱列之上，也许最威严之处恰恰在于以最简洁的形式完成了自身的建造，如旧巴西利卡教堂类型，以及至为高贵的比萨主教堂。

为了使这种设计获得让人愉悦的效果并保证安全，必须遵守以下原则：为了与重叠建造于其上的墙高成比例，应设计短柱提供支撑。可以把给定高度、任意数量的墙转换为心仪的柱子形式，但是不能改为使用过高的柱子，在上面多重叠几堵墙。因此，如果有一栋五层楼高的建筑，可以把底层变为柱子的形式，把其余四层变为墙体的形式，或者把下面两层变为柱子的形式，把其余三层变为墙体的形式。但是，无论往柱子上增添什么，都必须参考墙。当然，柱子越短，直径也就增加。在威尼斯公爵宫里，最短的柱子总是最粗的。

第二种重叠建造的方式，即将轻结构重叠于重结构上。这种形式的必要性体现于建筑楼层之间的叠加关系上。在一定限度内应尽可能设计足够数量的柱子，以获取支撑，在较低楼层的墙面便可以为上方的墙面提供支撑。罗马的建筑师和文艺复兴的威尼斯建筑师们最大的优点，就是掌握了重叠形式的优雅表达；有时他们以拱和柱互相重叠；有时他们在楼层划分的过渡性檐楣上开孔，设计贯通建筑的大型

---

① "我一生有不少时间都是在阿尔卑斯山中度过的，但是，我从来没有不带着某种新的惊喜感经过这座小屋，它建在四个木桩上（每个木桩的顶部都有一块扁平的石头），在阿尔卑斯山的狂风中保持平衡。也许，人们并不知道，这种设计的主要用途与其说是将建筑物抬高到积雪面之上，不如说是在积雪面之上使得山风穿行，有助于防止在风力作用下小屋的侧面向上掀起。"

柱子；始终保持上层比下层轻盈和丰富。这种建筑的全部价值取决于楼层整体的力量感和外观上的简单明了，以及它们通过比例变化所获得的统一性，其秉持诚实的态度展示楼层之间互相重叠和划分的事实。

　　但是，这种将轻结构重叠于重结构上的建造在前述的"标记性建筑"中被经常应用，也就是说，其作用仅仅是为了标记特殊的位置，像灯塔和许许多多的塔楼、钟楼一样。然而，尖塔和塔楼的这一建筑主题是如此有趣和广泛，以至于我想写一篇单独的文章讨论，我不在这里过多展开，但足以让读者注意到塔楼的建造目的，尽管许多塔确实建造在墙垛或柱子上，作为大教堂的中心塔楼，然而所有这些形式表达，以及最优秀和最有力的真实结构，都是建造在坚实的基础上，并随着高度增加逐渐减小自重。然而，由于塔的起源主要是作为防御和瞭望的建筑，并不是作为辉煌的形式存在，它真正的表现方式应当是随着向上的趋势，重量逐渐减小，这是它平衡受力所必需的变化。在高贵的塔中看不到令人头晕目眩之物，只有坚不可摧的基础、头盔上的羽饰和被摘下的面罩、透过缝隙观察到的黑暗警戒，绝对没有精致的王冠或刺绣的帽子。没有哪种塔能比方形四坡塔更加宏伟，它们有着厚重的飞檐和开缝的雉堞。奇异的塔类型次之，往往有各种形式的陡峭屋顶，最好的形式不是有圆锥形屋顶的塔，而是有平直而高耸的三角形山墙式屋顶。在我心目中，最后一种较优秀的塔是那些有尖顶或皇冠的塔，当然这些形式适应教会的目的，且有丰富的装饰。在英国，我们称之为塔的那类有四个或八个尖顶的构筑物（就像在约克大教堂一样），其实仅仅是一种甜腻的哥特式风格，不值得归入塔的分类之中。

但是，我认为塔的主导性原则是，它必须是直立的，不靠扶壁的支撑，也不靠两侧巧妙的平衡，而是靠自身的结构保持直立。作为高贵之物的塔必须去除外部支撑，必须没有拐杖，必须没有衰老的嫌疑。它的职责可能是抵御战争，获得情报，或者是指向天堂，但它都必须依靠自身的结构做到这一点。它本身就是一个堡垒，而不是再由其他堡垒来支撑。它必须站起来向前看，成为"望向大马士革的黎巴嫩塔"，如同一个严肃的哨兵，而不能像一个被奶妈抱起来的娃娃。实际上，塔在角部可能会有支撑体、突出物或附属塔，但这些设置对于主体来说，就像卫星对着行星轴心旋转一样，在维持直立性上与塔本身的力量紧密联系在一起。使用错误的比例时，扶壁的形式会破坏塔自身巨大的统一性，最终损伤塔的尊严。

因此，就塔而言，无论其功能或特征有何差异，以下两个特征是共通的：第一，塔从厚重的底部基础出发，逐渐上升到较轻盈的顶部，也许附带壁垛，但显然顶部更尖，墙体也更薄，而且，在宗教性建筑中，顶部常常被设计为开放空间；第二，无论塔的形式如何变化，都不使用扶壁作为结构支撑。在第一种情况下，塔遵循普遍的美学要求，楼层和开口数量的设计可以产生无数变化，古老的伦巴第塔楼在形式的变化上进行了精妙的演绎，无论塔身开出的窗口多么小，数量总是随着趋向顶部的变化而有规律地增加，一般一层有一扇窗户，二层有两扇，三层有三扇，四层有五扇，五层有六扇。还有一种情况，一层有一扇窗户，二层有两扇，三层有四扇，四层有六扇，这类塔有着美丽的对称式布局，但不符合目前的考察目的。我们要通过并置同等规模的塔来说明一些一般性规律，为了便于比较，我将中世纪简洁而无雕琢的塔和现代装饰密集的塔做如下并置（图16）。

图 16　塔的种类

　　以威尼斯大教堂的圣马可钟楼为例，它并非完美的例子，因为它的顶部是文艺复兴风格的，但也是这一风格在威尼斯的成熟代表。它很适合于我们的讨论，因为其恢宏的艺术效果并非依靠装饰形成。它的建造十分简洁，很好地满足了目的：没有扶壁，没有任何外部支撑结构，除了加建过若干不大引人注意的小屋和凉廊（在图中未画出这部分加建）。钟塔底部的方形砖砌体形成了巨大的体量，往上是两道墙，中间有一道分割，在砖砌部分，开窗尽可能小，只出现在必要的地方，提供楼梯或坡道所需的光线，再继续往上，钟塔的重量落在双壁柱上，每一个小型拱都装饰着扇贝或海扇的纹样，此为文艺复兴时期常见的装饰。当钟楼上升至必要的高度时，空间被打开，就像常见的罗马式钟楼中的处理，只是圣马可钟楼的柱子更为细长，也更为严肃和简洁，它的整座尖顶尽可能地被拉高了，使其能够更显豁地作为一处地标被看到。这类设计在意大利各地的塔楼上都可以找到，不胜枚举。

图中另一侧的塔楼是在爱丁堡新建的学院建筑之一。我并没有觉得它比其他塔楼低劣（同样，我也不认为圣马可钟楼比其他塔楼优越），但它恰好可以在一隅颇具说明性地展示英国塔楼建筑的特点。威尼斯圣马可钟楼高达三百五十英尺，尽管是砖砌的，但未使用扶壁。这座英国塔楼高一百二十一英尺，以石头建造，但如果每个角上没有一对巨大的扶壁，它就无法直立。圣马可钟楼有一座高耸的尖屋顶，但它设计简洁，不需要在顶上额外再加尖顶；这座英国塔楼没有屋顶，只有四个装饰性的小尖顶。威尼斯圣马可钟楼的顶部薄而轻，底部则十分厚重；这座英国塔楼的底部非常轻薄，顶部的窗户却被设计成如同往上的细细箭头。我不禁觉得，这座塔到底是出于什么目的而建造的，这对每个旁观者来说恐怕都是个谜。在顶层的人肯定没有如此之强的求知欲，以至于会想顺着细长裂缝透进来的光去一探外部究竟。如果它是被当作钟楼而设计的，那么它的钟声就会像它所遮挡的光线一样，十分有效地被避免传出这座钟楼去。

关于塔及重叠建造部分的讨论，还有一项不宜从建筑里省略的要素，需要我们给予片刻的注意，这就是楼梯。

　　在现代住宅中，楼梯很难被认为是建筑的特征性要素，总被看作丑陋之物，原因是它缺乏明显的支撑。在或神乎其神或危机四伏的楼梯体系之间，须注意到它们有重要的区别。许多大型建筑都十分高耸、轻巧，形式大胆，让人畏惧和钦佩，尽管如此，我们不用担心它们会倒塌。巨大的穹顶、空中走廊和拱，似乎都是奇迹般地矗立在那里，这种奇迹是如此地确定，没有人担心奇迹会在一瞬间终止。我们能感受到的是，它们有一种内在的力量，或者说，无论如何，我们对它们的安全性有一种隐秘而奇特的确信感。但是，比萨或博洛尼亚的斜塔，以及许多次要的、被动的建筑，于现代而言，其建造和坍塌或许会完全由一项偶然的因素引发。它们没有奇迹般的生命力，无法变得比较安全，且对眼前的危险大概只有一种顽固的，甚至是徒劳的抵抗。这种现象，在小事上往往和在大事上一样明显。例如，教堂布道坛的回音板往往仅仅由背后的一根柱子支撑，在整个讲道过程中，人们不得不担心，万一一根钉子松了掉下来，可敬的牧师就会被回音板压死。再比如现代无支撑体系的几何形楼梯。当房间被拿来讨论时，会发现这种设计有很大的缺点，墙或窗户的分割往往会因之变得十分笨拙和不美观。在需要大空间的中世纪建筑中，楼梯是螺旋形的，通常建在塔楼之中，大大增加了如画式效果，而且这么做也不比现代住宅中普通的直跑楼梯更陡或更占地方。本土建筑中丰富多彩的塔楼一般都是源于楼梯在设计上的需要。在意大利，楼梯通常是在户外建造的，围绕着内部庭院与走廊或凉廊连接。这类楼梯几乎总是由柱子和拱支撑，形成内院的重要特点，但还没有包含我们想讨论的建筑要点。

　　至此，我们对建筑几大主题的考察告一段落。读者不应对目前这些看似简单和平平无奇的结论感到不满。因为当开始应用时，就会发现它们比现在看起来更有价值。但我希望大家避免陷入复杂化的讨论，读者应当对于问题本质有所关注，即使是最冷漠的人也不会不愿意关注建筑这样一个越来越有实际意义的话题。显然，无论是深入研究建筑的抽象科学原理，还是深入研究建筑的机械学细节，都与本书的目的背道而驰。这两者都可以由比我更有资格的写作者来阐明，其研究必要与否也完全可以由读者自行决定。我在这里所灌注的努力，只是为了引导读者诉诸必要的建筑原则。每当这样的时刻来临，他发现自己的判断力一方面被权威压倒，另一方面也被新奇的事物冲昏头脑，我提供的建筑原则就可以帮助他辨伪存真。如果他有时间去从事更好的事业，去追随伟大工程师和建筑师的各种机械发明，在某种程度上我得羡慕他，但我将依然在不同的道路上前行。我的道路远非捷径，而是穿过拱门行至安静的山谷。也不是暗道，而是登上藏有晦暗洞穴的山顶，去体会大自然带给人类什么礼物，她用什么意象来充满和丰富我们的思想和心灵，经年累月堆砌的旧石如何再度被生命的阵阵律动抚摸。我们永远不要再忘记来自裸人时代的古老回响，深谷里的小溪曾经环绕过我们，带来缕缕光线的颤动，小坡上轻柔的山风曾经穿透过我们，伴随远方山蕨郁结的阴影。

# 第十三章　装饰题材

现在，我们将进入第二部分的主题。我们不会再涉及沉重的石块和坚硬的线条，取而代之的是轻松而愉悦的感受。我们将环顾世界并试着去发现（但总是秉持严肃的态度，且带着责任感）那些最受人喜爱之物，从容地凝视、欣赏和收集，尽我们所能将其化为不朽的形式，并安放于永远为人瞩目之地。

此即为建筑之装饰。

这一过程将包含三个步骤：第一步，严肃地找出最受人喜爱的装饰形式；第二步，尽可能地收集这些装饰形式并进行分类；第三，把这些精美的装饰形式安放到适宜的位置。

现在进行如下三项考察：首先，我们喜欢什么，或者什么是合适的装饰题材；其次，我们如何呈现它，或者如何进行设计处理；最后，我们把它放置在哪里，或者它的适宜位置为何处。我想，我可以在本章中回答第一个问题，在下一章中回答第二个问题。关于第三个问题，我会以一种更具发散性的方式来思考，即依次讨论前述的建筑各组成部分，并指出适合各个组成部分的装饰种类。

我曾经述及，所有高贵的装饰都是人类在表达对上帝创造之物的喜悦。与此对应的，意味着有一种不那么高贵的装饰，即人类是在表达对自己创造之物的喜悦。曾有过这样一个流派，主要是衰退的古典时期和文艺复兴时期，装饰出于模仿而使用人造镶嵌瓷砖。我认为，在探明何为上帝创造之物最值得欣赏之处前，最好先摆脱对人类作品的模仿意图，并坚信这并不是我们应当报以欣赏的类型。

那么，我们很快就会发现由此带来的装饰题材问题。正如我之前在建造方面作过的讨论，现在我依然不能为读者建立是非评判的绝对标准。我仅仅能为读者提供建议，并再三恳求，请读者追问自己的内心，是否对哪件外部事物产生了喜好或厌恶之情。如果他真的喜欢旺多姆广场圆柱底座上的装饰、威灵顿的靴子和花边连衣裙的式样，那我也无计可施，我只能说我和他不同，我真的不喜欢这样的装饰。因此，如果我很霸道地说，这种装饰很低级和丑陋，我的意思其实是我相信有常识的人都会那么想，而不是苟同一些病态的想法。我相信，如果坦率地审视自己，读者必会同意我的观点。

因此，若蒙读者许可，我将作出以下结论，所有以人类创造物为主题的装饰都是拙劣和低下的，对于每一个有理智的人来说，这样的装饰都是让其痛苦的，也许没有直接的理由，但每当我们想到它时就感到厌烦。雕刻我们自己的作品，并把它竖立起来寻求赞美，是一种可悲的自满，一种满足于自身的悲惨行为，而我们本可以看到上帝所在。所有高贵的装饰恰恰与此相反。它表达了人类对上帝创造之物的喜悦。

对于观察者来说，装饰的作用是让人快乐。现在你有什么理由快乐呢？不去想你自己做了什么，不是出于你自己的骄傲，不是因为你自己的降临，不是因为你自己的存在，不是因为你自己的意愿，而全部在于看向上帝，看他做什么，看他是怎样的存在，于是，才遵守他的律法，顺从他的旨意。

于是，你因为装饰而变得快乐了，因此，装饰必须是万物的揭示。装饰不是对自己作品的复制，不是夸耀自己的伟大，不是纹章，它不是国王的臂弯，也不是任何生物的臂弯，而是上帝的臂弯，上帝以他的创造来对你显现的臂弯。不是对你自己的法则，你自己的自由，你自己的发明感到喜悦，而是顺从神圣的法则，敬畏不变的、日常的、普遍的律令，不是组合柱式，不是多立克柱式，也不是五柱式，而是十诫律。[①]

上帝创造的任何东西都可以成为适宜的装饰题材，对其恰如其分的使用符合并彰显了上帝的法则。就可使用的素材而言，我们首先拥有自然界中最为常见的抽象线条，然后，从低往高，整个素材系统由无机形式和有机形式构成。我们可以迅速浏览以下这些门类，无论古人对无机物的元素划分在现代化学家看来多么荒谬，可是其对于外部世界现象的划分是如此宏大和单纯，以至于这里的讨论依然可以遵循它。在了解了抽象线条之后，我们需要注意到土、水、火、气这四种元素里可被模仿的形式，随后是动物有机体可被模仿的形式。为了便于读者理解，此处列序表示如下。

1）抽象线条；

2）土的形式（晶体）；

3）水的形式（波浪）；

---

[①] 译注：十诫律是《圣经》记载的上帝借由以色列的先知和众部族首领摩西向以色列民族颁布的十条规定，其教徒奉之为生活的准则，也是最初的法律条文。

4）火的形式（火焰和光线）；

5）气的形式（云）；

6）（有机形式）贝壳；

7）鱼；

8）爬行动物和昆虫；

9）植物（A）树枝和树干；

10）植物（B）叶、花和果实；

11）鸟；

12）哺乳动物和人类。

有人可能会提出反对说，云是潮湿空气的一种形式，而不是大气的一种形式。然而，它们是大气状态和气流形式的完美表达，可能足以代表其所涵盖的元素。我把植物放在了突出的位置，因为它作为一种可资使用的装饰手段异常重要，而且它还经常与鸟和人类联系在一起。

**1. 抽象线条** 这里并不是指阴影及颜色，因为不管以何种形式来看，不存在抽象的阴影这样一种东西，阴影本就无法独立于具体实存之外存在。而阴影的多寡，如何以和谐的方式展开其层次，是一个关乎艺术处理的问题，而不是素材选择这一步会牵涉到的问题。此外，当我们使用颜色时，实际上已经在利用大自然本身的一部分，利用光线表达斑斓的色彩，这与利用空气传播声音的方式类似。而大规模色彩的使用也是一个艺术处理的问题，而不是素材选择的问题。然而，建筑涉及色彩之艺术时，值得注意的是，最佳的色彩总是来自天然石材的色彩。这一点是不容置疑的，我从来没有见过任何大理石或者宝石的自然色彩会使人感到突兀，反例只会在小型镶嵌马赛克或者俗不可耐的赝品里出现。另一方面，我从未见过一座依靠涂覆颜料的建筑，无论是古代的还是现代的作品，能够最终跻身于不朽。

因此，装饰题材中的首要门类是抽象线条，也就是自然中最为常见的物体轮廓，当其不适宜于在建筑中被直接模仿时，就会转移成某些别的形式。例如，叶子边缘的曲线可以被精确地赋予石头，使得石头与叶子相像，或者使人由石头联想到叶子。大自然的线条在其所有作品中都是相似的，其组合或简单或丰富，但性质都是共通的。当它们从大自然的整体中被抽取出来时，无法说清是从大自然哪一幅独立的作品里得到的，它们的普遍属性是微妙和柔和。这些处于过渡中的不断变化的曲率，是具有活力、灵活性和依存感的特殊表达。我在《现代画家》中关于典型之美的章节中，也有过相关阐述。为了让读者自己能够展开比较，溯清装饰题材不同的来源，我在图17中绘制了多种线条，它们来自不同种类和尺度的自然物质。首先是图中的a和b，我认为，这是我一生中见过的最为美丽而简洁的曲线，它来自一条大约四分之三英里长的自然曲线，形成于一个次级小型冰川的表面，位于夏慕尼山区艾吉尔德布雷迪埃的一处山坡。我在这里只是概括了它右边的峭壁轮廓，以揭示其与冰川曲线的紧密贴合，当然这也完全取决于抵抗冰川下降的同向力作用。然而，积雪在高耸的冰川顶面难以融化，积雪覆盖其表面，消除了峭壁的突兀感，使其融为一体。

图中的c、d线条来自日内瓦湖之上奥赫山，大约一英里半或者两英里长的连绵山峦，由数条高耸和距离较为遥远的线条共同结合形成。

图中的h线条取自冷杉树的枝丫，大约四英尺长。我之所以要提

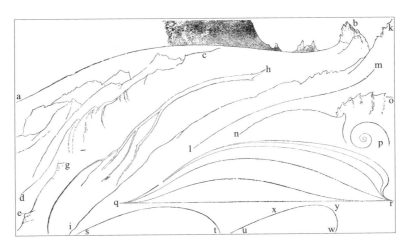

图 17　抽象的线条

取这种树枝的线条，是因为它一般被看作僵硬和不具有审美价值的对象。不过，它的枝丫却以优美的形式向外延伸，以我所能见到的最优美的形式发展。这一形式的展现本身有其不足，因此我在这里上下颠倒了它的方向，同时也为了便于与另外几种线条进行比较。图中的c、d、e、g，i、k，这几种线条均取自山峦：e、g的线条取自马特洪峰南部山坡的轮廓线，大约有五百英尺长；i、k的线条取自从堡尚峰针尖般的山巅到霞慕尼山谷之间的轮廓线，大约有三百英尺长。此外，l、m的线条取自一片柳树叶被平放于纸面上形成的树叶轮廓；n、o的线条取自纸鹦鹉螺口的无数曲线之一；p的曲线取自龙介属蠕虫蜷曲的轮廓；q、r曲线取自泽泻草的叶脉及轮廓；s、t的曲线取自月桂叶的轮廓；u、w的曲线取自鼠尾草的轮廓。值得我们注意的是，最后提及的几种线条，在自然界中很难被单独辨识和提取出来。比较而言，这类曲线更为繁复，形式也并不十分美观。但是，它们具有变化多端这一共同特点。山峦与冰川的曲线显得更为高妙，因为它们具有线条过渡上的细腻和柔和。

为何这些线条如此美丽？我在《现代画家》一书中曾经重点讨论过这一问题，在这里再次做一下简要提领。这些线条之所以美妙，在于它们都显示了某种力的运行态势，而与此对照的是，圆是一种限制的、维持性的线条类型。树叶的线条中展示了生长的力量，其中最为优美的类型很好地展现了植物生长和驱动的力量。向周围张开的枝丫，缓缓流动的水滴，在自己轨道上运行的星球，它们的卫星，荡漾于水面的船只，在空中翱翔的飞鸟，山风中摇曳变幻的云层，丰富多彩的曲线按照自身力的形式向前延伸，同时也被外部无穷无尽的力所作用。

泽泻草的叶脉线条，如图q、r所示，有着难以言喻的优美，纤维具有往四处茂盛生长的力量，就好像河流的支流汇入主河道，叶脉的形状也显示了类似的轨迹。相反，我认为圆曲线，是一种限制或支持性的曲线，也就是说，显示完美休止的曲线。围绕植物根茎的环形曲线，大量细细的纤维缠绕于此；根茎自身也按照曲线的动向往上生长；而遥远地平线和天边之乐土，甚至还有彩虹，恐怕也正沿着这样美丽的曲线产生。虽然读者可以想象任何运动物体的圆形轨道，或由悬索形成的曲线，但是应该观察到，圆形曲线的特征是由闭合运动而不是自由运动决定的。圆不是物体之间力作用的结果，而是被束缚不能逃脱中心的结果。只要旋转或进行圆周运动，我们就能获得相对于圆心的瞬间平衡和静止。

因此，圆形曲线作为一种代表休止与稳固支撑的形式，非常适用于拱，而其他曲线，特别是运动性曲线，将适用于更为活跃的特征，如建筑的手足部位（柱头和柱础），以及所有次要的装饰性部位，以能更自由地独立于其结构条件进行设计。

**2. 土的形式（晶体）** 或许读者会问，为何不称之为岩石或者山峦？原因是，岩石或山峦的高贵感，首先源于其尺度巨大，其次则是其形式之偶然性。它们的尺度不能够被简化表征，其偶然性也无法让人意会。没有一个雕塑家能模仿岩石偶然碎裂之刹那。他服从或展示自然的法则，但他却不能模仿大自然丰盈的想象力，也无法如大自然般宣泄怒火。一座高山真正的荣耀在于升华为压倒性的力量，更在于这股力量会在瞬间将其自身撕为碎片。但我们不希望对灾难不动情或小心翼翼地模仿，也不希望冒充山摇地动，更不希望精细地描绘废墟。我们要遵循大自然的运作方式，而不是受其干扰。我们要去学习其着意创造之处，而不是其暴虐乖戾之处。因此，对于建筑师来说，从研究岩石形式得到的唯一用途是它的实际含义（不触及粗糙肌理的石块），以及关于山体组构普遍性例子的运用。对岩石形态的具体模仿，在很大程度上，限于感受力衰退和追求戏剧化建筑效果的时期，如罗马式风格的十字架和圣墓，或英式花园中的石窟和喷泉等。然而，它们在中世纪的浅浮雕中并不少见。佛罗伦萨的门扉以及宗教性雕塑，经过吉贝尔蒂的精心处理，表达着隐士式的生活旨趣。它们很少被真的视作装饰，而是服务于特殊的意指。我们将在威尼斯的公爵宫里看到有趣的例子。

晶体是自然土壤组构之产物，对于晶体而言，以上反对意见都站不住脚，它是一个取之不尽的装饰元素，展现着更高层次的组构。四棱锥体，可能是所有天然水晶中最常见的形式，在建筑中被称为犬齿饰样，它的用途极为丰富，总是十分优美。立方体和四棱锥体几乎同样频繁地显示于方格饰样和犬齿饰样中；所有中期哥特式装饰线条只不过是在展示绿宝石和其他各种矿物的晶体纹路。

**3. 水的形式（波浪）** 岩石自身的局限性使得其无法被直接作为装饰形式使用，大海的形象也被类似地限制了。但是为了渲染背景，或者出于需要神圣的象征物，任何时代的雕塑家即便无法模仿大海的形象，也要创造出能够代表大海的形式。我们在这些类型中发现了程度不一的传统主义或自然主义倾向，早期的形式在很大程度上是深思熟虑后的结果，后期的形式描绘则转为颇让人尴尬的肖像画法。所有类型中最为传统的形式是埃及的曲折线条装饰，并作为水瓶座的天文学符号得以留存。但是，任何一个国家的国民，不论其思维能力如何不同，在其作品中，都为无垠的汪洋赋予了宏大的定义，即"使得鱼儿游弋其中的波动之物"。

**4. 火的形式（火焰和光线）** 如果大海和岩石都无法被人类想象出来，更不用说吞噬一切的火焰了。火焰在绘画和雕塑中都以辐射的线条形式作为象征，但在雕塑中，大部分作品中的这一形式都并不成功。就在不久前我还认为，诺曼式建筑的折线形装饰体现了太阳半升起时的光线特点，但若说火焰与太阳光线有任何相似之处，纯粹事出偶然。我将提供一些例子，比如拱上方的砖面上装饰辐射型线条，但我认为这些也没有任何表达发光的意图。丘比特和守护神手中的火把，在骨灰瓮顶部熊熊燃烧的火焰，代表了17世纪大多数伦敦教堂中悄然摇曳的思绪，它们的形式充斥于整个欧洲文明社会的纪念物之上，比如罗马祭坛被装饰着镀金的光线形式，凡此种种，可待读者一一体味。

**5. 气的形式（云）** 几乎并不比火焰的形式更容易把握，也没有装饰性作用，其威严感源于规模和颜色，这在大理石上无法复刻。它们的形式在许多"五百"①雕塑中留下了轻微的痕迹。在鲁昂圣马克卢教堂门廊奇异的作品《最后审判》中，其形式非常大胆和隆重，我在《建筑的七盏明灯》中对此有所描述。但是最为精致的仿品都出自近代，云的形象像松散的袋子一样排列在欧陆教堂祭坛上方四五十英尺高的混凝土面板上，与之前提到的用于表达阳光的镀金光线形式混合在一起使用。

**6.（有机形式）贝壳** 我把这些在等级中最低的生物体（排在无机形式之后）的外壳作为有机形式，并不是把生物体本身视作有机形式。它们仅仅是空荡荡的被废弃的外壳，无论线条多么美丽，多么适用于装饰，但是就其性质来看，应在装饰中限制应用。最好的方式是提取其外壳的优美曲线，而不涉及贝类本身。事实上，有一种贝壳的形式，即海扇贝壳，在各个时代中都普遍地被用作半穹顶的装饰，这种半穹顶因而被命名为贝壳形穹顶。我相信，人们如此喜爱使用海扇的褶皱纹理，至少说明在欧洲的某些地方，海扇是圆拱丰富多变的卷叶装饰之源。扇贝也是一种常见的形式，当需要的时候，它可以和其他形式很好地混合在一起使用。螃蟹奇形怪状的样子总是很讨人喜欢，在这里我们指的是一种住在壳里的生物产生的形式。在黄道十二宫的星座中，巨蟹和天蝎以活泼的符号保留着自己的特点。这些形式

---

① 译注："五百"（意大利语"cinque-cento"）这个词是"一千五百"（意大利语"millecinquecento"）的缩写，在艺术史上被用来描述十六世纪的意大利。传统定义上，它包括 1500—1600 年期间意大利建筑、绘画和雕塑领域的文化活动，见证了文艺复兴艺术的全盛时期——在罗马、威尼斯，以及在佛罗伦萨——以及随后的相关风格主义运动，因此可以说它代表了意大利文艺复兴的晚期。

广泛散布于描绘海岸的雕塑中，或者出现在佛罗伦萨青铜雕刻的野猪旁边。我们也会在威尼斯皮亚泽塔柱子的底部找到满满一篮子的贝壳形式。

**7. 鱼** 它们优美的形式为我们所熟悉，同时其象征意义越发引起人们的兴趣，作为装饰题材，其形式具有很高的价值。对如画美学的热爱通常会促使人们选择这样一些鱼类：身体柔软、有鳞片、摆动尾巴。最为简洁的形式主要见于中世纪的作品。在威尼斯我们常看到金枪鱼朴素的椭圆形身体和尖尖的脑袋，而在最优秀的中世纪雕塑作品中，雕塑家总是以平淡无奇的形式表示海水鱼等各类鱼。希腊装饰式样中的海豚是对短吻真海豚轮廓的略微夸张，也是最为如画的动物形式之一。它缓慢旋转跃入大海的动作被敏捷地捕捉到了，令人钦佩地出现在希腊花瓶上刻画的海面上。

**8. 爬行动物和昆虫** 蛇和蜥蜴的形态是一种奇怪的组合，展示了几乎所有美丽和恐怖的元素，这种恐惧，在模仿中被认为是一种令人愉快的兴奋感，在各个时期的艺术中都是备受喜爱的装饰题材。理想中的龙被认为是自然界中最具有如画性和最强大的生物，对基督教来说具有特殊的象征意义，它是蜥蜴和蛇的统一，且几乎是中世纪如画雕塑的主要素材。最优秀的雕塑家们都喜爱用龙来表达象征意义，而16世纪的雕塑家仅仅把龙作为一种装饰。毒蛇或其他蛇类的最佳和最自然的表现形式交织于其他混乱而无意义的形式组合中。蛇头的力量和恐怖却很少被触及。我将举一个12世纪维罗纳的例子。

其他略为弱小的爬行动物在装饰题材中也并不少见。譬如小青蛙、蜥蜴和蜗牛的形象，总能使雕塑的前景和草丛显得生机勃勃。乌龟不大以成群活动的形式出现。甲虫的形象主要带来一种神秘而怪异的感觉。各种昆虫的形象出现在16世纪的意大利作品之中，其中以蚱蜢最为常见。在威尼斯公爵宫，我们会发现对蜜蜂形象的装饰化运用也十分有趣。

**9. 树枝和树干** 我将这些装饰主题放在单独的标题下，这么做是因为，虽然叶子的形式属于所有的建筑门类，被经常使用，植物的茎和干则属于较为特殊的形式，常在模仿性的或者华丽的建筑上出现，且只适用于某些时期。异教雕塑家似乎察觉不到树干自身的美，对他们来说，它们只不过是木材。比起这些折断了的树枝或多节的树干，他们更喜欢坚硬而巨大的三陇板或凹槽柱。但是，随着基督教知识的丰富，人们对植物的形态产生了一种特殊的关注，因为植物从根部开始向上变化。许多经文主题都要求真实地表现整棵树的样子，就像旧约最常见的主题《秋天》一样。在《诺亚的醉态》《花园的痛苦》等许多作品中，专注于浅浮雕的雕塑家们熟习了这类过往未知的形式之美，而先知赋予基督象征性的名讳"分支"，频繁地出现在圣经的描述之中，对于基督教教徒的头脑而言，这一部分开始产生了特别的意义。不过，有一个时期里，把树作为装饰主题的雕刻仅限于浅浮雕，它最终影响了伦巴第哥特式建筑中柱子的处理，就像在热那亚的西立面，其中两根柱子被展现为粗糙的树干形态。随着浅浮雕艺术本身变得大胆，把树作为装饰主题的雕刻也随之变化，直到我们发现扭曲和打结的藤茎和无花果出现于公爵宫四角的柱子上（图18）。一整棵橡树或苹果树，包括树根，成为维罗纳斯卡拉大公一世墓穴的主要装饰主题。人们发现，雕刻树枝比雕刻树叶更为容易，在后来的哥特式建筑中经常使用"耶西之树"作为窗花格和其他部位的装饰题材，这一装饰系统以完美的树枝形态得到充分发展，这也是博韦主教堂门廊装饰中最丰富的部分。它现在已经被带到了绚烂的极点，接着人们厌倦了它，抛弃了它，就像所有其他自然而美丽的东西一样，它被文艺复兴时期的建筑师们排斥。但有趣的是，可以从中观察人类的思想，在最初接受这种装饰题材时，其兴趣是如何从一棵树在地面的位置开

图18　公爵宫无花果树角（拉斯金1869年绘）

始，遵循树的自然生长方向出现变化的。最初在热那亚，相关装饰主题始于粗糙和坚实的树干部位。随着树枝伸展开去，装饰主题随后变成了成簇的树叶。秋天来了，树叶凋零，人们的目光投向树枝末端。最后，文艺复兴的霜冻来了，树便消失了。

**10. 叶、花和果实** 有必要将这一题材与树干题材分开论述。如前所述，不仅因为其使用标志着另一个建筑流派的兴起，且因为它们是唯一能够无须附加更强有力的想象力，适合于装饰的有机形式。把动物的形象撕成一个个碎片，将家具的脚做成爪子的样子，或把柱子的末端做成头部的形式，这些做法通常是那些冷血的艺术流派所具有的特征，而伟大的人类喜爱的是完整的动物形象。的确，动物的头部形象可以被看成是从石头中露出来，而不是被固定在石头上。在任何关于建筑的严肃讨论中，对于生命形象的切分是被允许的。尽管如此，你依然不能像摘一朵花或一片叶子那样把动物切成碎片。为了我们的团结，也为了永恒的快乐，无论人类身在何处，都应该以一种文明和健康的状态生活。人类周围总会有植物，只要状态接近纯真或完美，那么就意味着接近天堂，可将植物作为来自天堂花园的装饰题材来对待。因此，在没有其他东西可以用来装饰的地方，植物总可以被使用。任何形式的植物，无论多么零碎、多么抽象，都可以起到这样的效果。将一片叶子的形象放在石头角上，或者仅仅是在上面画出叶子的形状或叶脉，又或者展示叶子的骨架和影子，即镂空的叶脉装饰，都拥有一种无法替代的魅力。这种魅力不会令人兴奋，也不需要花费思考或同情心，而只是带来真正意义上的简洁、静谧和满足。

在大多数情况下，水果的颜色比其形状更有审美价值，没有什么雕塑形式比展示树上成簇的果实更为优美的了。但是，放在篮子里的果实，很可能会显得太多了。我们会发现这一题材在威尼斯公爵宫中的使用异常灵活，它具有某种正确的意味。但是文艺复兴时期的建筑师把目光投向了那些大吃大喝的观众，并认为一簇簇的梨子和菠萝是想象力永恒的来源，也因为限于这些景象，他们从来不会在意精神上的超越。我并不提倡图像崇拜，因为我相信读者会在别处寻找到信仰的依托，但我非常肯定的是，伦敦新教会装饰着圣人雕像的大教堂带给人的满足感，不低于一个充斥里斯本苹果装饰题材的教堂。

**11. 鸟**　鸟的形式具有完美而简洁的优雅感，总的来说，它是早期雕塑家最喜爱的题材，也被那些更喜欢形式而不是动作的流派所接受。但是，因为鸟的肌肉常被隐藏，表达其动作的困难限制了在后来艺术中的进一步运用。至少有一半的拜占庭建筑，以及三分之一的伦巴第建筑，都是以鸟的形象作为装饰主题的，它们或是在啄食果实或花朵，或是立在花朵和花瓶的两侧，抑或是独自站立，譬如具有象征意味的孔雀形象等。我们对于运动、宁静、和平、灵性的理解，对于优雅和力量的感受，大部分是受益于这种动物。它们的翅膀为我们提供了几乎是我们所拥有的能够表现精神活动的唯一手段。它们提供了一种观赏的形式，无论多么无意义或无休止地重复，眼睛都不会厌倦，无论是独自站立，还是站在蜥蜴、马、狮子或人的身边。猛禽的头部形式总是十分美丽，是历代极具丰富性的装饰主题之一。

**12. 哺乳动物和人类**　在哺乳动物中，马由于与人类的密切关系，被作为雕塑的主题之一。在晚近的雕塑作品中，其他动物形式的价值几乎没有被挖掘过。其装饰题材比起早期作品，能强烈感受到对于科学知识的渴望。这种以动物为装饰主题的丰富表达见于伦巴第建筑狩猎题材的雕塑里，但是被粗犷地加以展示（最高贵的例子是埃及的狮子、尼尼微公牛和中世纪的狮身鹰首兽）。哺乳动物当然是仅次于人类的最为高贵的装饰主题了，把人体作为雕塑的主要题材，有时正意味着建筑的结束，而不是意味着装饰获得了终极形式。

我们列举了建筑装饰的题材，读者可以确信的是，除了这些题材之外，汲取其他来源作为美的元素都难以成功，而且这样的努力不是没做过。把任何动物的形态引入装饰都是违背阿拉伯宗教的，但是，尽管阿拉伯建筑具有多彩的光辉，比例上的精妙，几何设计上的错综复杂，要是没有卷叶饰出现于柱头，就不能诞生任何高贵的作品，也没有追求装饰的基础。我在前文已指出，色彩是一种完全不同的独立艺术。在《建筑的七盏明灯》一书中，我们看到这种艺术在简洁几何形式的设计中包含极大的力量。阿拉伯人在建筑色彩方面并不处于劣势，拥有高贵建筑所具有的结构美和比例美的元素，他可能不会模仿贝壳，但他可以建造穹顶。多彩的拱石代表对光斑的模仿，墙上条纹状的红色线条代表对沙漠的描绘，光线从拱顶投下星星点点的光芒，抽象线条带来无尽的幻想，一切都持续处于热情而奇异的精神力量之感召。阿拉伯建筑的确取得了无数成就，然而，在其过于浓重的创新欲望下，对适宜装饰素材之外的追求反而形成一种限制，使得它的建筑成为失控的魅惑和闪闪发光的游离，让巨厦的光芒像一个惊人的梦幻一样自我枯萎，我们确实可以感受到它的美丽，我们也可以接受它的引导，但必会对它的自我撕裂嗤之以鼻，并为它的消逝默默感伤。

# 第十四章　装饰的处理

　　现在，我们已经了解，从哪里可以找到装饰素材。下一个问题出现了，读者必须记住，如何处理或表达这些主题。

　　很明显，我们有两种处理方式：第一种是以视觉和心灵，将事物本身形象化；第二种是对形象化的事物进行设计。这两者都与在建筑的适当部分直接放置装饰截然不同。例如，假设我们取一片藤叶作为装饰主题。第一个问题是，怎么裁剪藤叶？我们是照着叶脉细细描绘，还是只裁出叶子的大致轮廓？诸如此类。那么，当我们取得了藤叶的合适部分时，接下来如何布置它们呢？是对称的，还是随机的，还是在一定范围内不对称？这些我都称之为设计的问题。而关于藤叶装饰是放在柱子的顶端还是柱身之上，这些我都称之为位置的问题。

　　因此关于装饰的处置问题包含两个方面，一方面是如何表达，一方面是如何设计。表达其实是就心灵和视觉而言的。因此，我们的问题包含以下三个方面：如何依据心灵来表达装饰；如何依据视觉来设计装饰；如何依据这两者设计装饰。

　　如果创作一件优美的装饰，仅仅意味着制作一座完美的雕塑，一组裁剪得当的花簇，一套动物形象的随意组合，那么建筑师的工作就会变得容易许多。这样一来，雕塑和建筑将各自成为独立的艺术。
建筑师根据需要采纳相关主题和确定尺寸，除了牵涉到处理比例的问
题之外，不会遇到任何困扰。然而，事实并非如此。无论是绘画还是
雕塑，没有任何一件作品其完美是因为纯粹意义上的建筑装饰考虑，
除非在某种笼统的意义上去看，任何美丽的东西都被可以说成是具有
装饰功能的，都在装点其所处的场所。因此，我们说一幅绘画装饰了
一个房间，但是我们不会因为如下理由感谢一个建筑师，就因为他告
诉我们他的设计因为想变得完整些，需要在建筑的某一个角落放一幅
提香的作品，在另一个角落再加一张委拉斯凯兹①的手笔。无论是把
嵌在建筑上的雕塑称为建筑装饰，还是把挂在建筑上的画作称为建筑
装饰，都是一样不合理的。雕塑可能可以与建筑和谐共存，或者建筑
也可以参照雕塑去设计，但是，在后一种情况下，建筑从属于雕塑，
就像在佛罗伦萨美第奇家族教堂的情况一样，我相信帕提农神庙中的
情况也是如此。至于论及作品本身的完善是否有助于装饰目的之实
现，我们完全可以这么认为，装饰之完美与否在某种程度上而言，不
适合作为装饰的目的来考虑，也没有一座所谓的完美雕塑可以准确地
实现装饰本身的目的。在伦敦圣保罗教堂中可以看到我们十分熟悉的
例子，这座教堂的花卉雕塑，简而言之，可能是当时所能制作的最为
完美的花卉雕塑了。类似于在教堂里挂上许多扬·范·胡苏姆②的画

---

① 迭戈·罗德里格斯·德·席尔瓦·委拉斯凯兹（Diego Rodríguez de Silva y Velázquez，
1599—1660），17 世纪巴洛克时期的西班牙画家。
② 扬·范·胡苏姆（Jan van Huysum，1682—1749），17 世纪和 18 世纪活跃于荷兰北
部的一位杰出的静物画家。

作，在每扇窗户边都有镶边上釉的画框，这类做法也可以视作某种合乎其逻辑的装饰。

真正的装饰有其特殊旨趣，首先，建筑装饰仅仅在其所在之处成其优美，并不是任何位置都能做到这一点；其次，建筑装饰须有助于建筑的每一个局部起到共同增强其整体效果之用，绝不会因为局部装饰的过度丰富反而削弱了整体的建筑效果，也绝不会因为其局部的过度精致反而使其余部分相形见绌。每一处局部的品质都与它的位置和目的紧密关联。如果它没有依据自身的职责出发，那么它就依然是有待完善之物。建筑的装饰，如同随从，往往是合乎其所示的；建筑的雕塑，如同主人，是享有怡然自得的。在主人侃侃而谈的时候，随从往往保持沉默；而当主人一言不发的时候，随从变得十分忙碌。

至此，建筑装饰的有待完善之处，换言之，其纯一性之必要，已经被诉诸心灵。接下来，我们必须考虑涉及视觉时所需要的设计操作，随着装饰与距离眼睛的变化，设计需要作出相应的调整。在这里，我提到所谓的必要性，不仅仅是指向权宜性，又或是出于经济上的考虑。如果一座雕塑是在四十英尺之外的距离被我们所观看，以两码以内的视觉距离所对应的精致度来雕刻就是非常愚蠢的行为。不仅仅是因为这种精致度在远距离观察的时候完全消失了，还因为它带来一种比消失本身更为糟糕的后果，因为精致的作品在远处的效果实际上并不及粗犷的作品。对于画家而言，这已经是众所周知的事实，在很大程度上也为美术批评家承认，一幅画作意味着一定的观察距离，如果距离较小，视觉效果必然令人愉快，可是如果距离很大，将有害于视觉感受。此外，有一种颇为特殊的处理方法，只有技艺精湛的艺术家才能掌握，这种方法在预定的距离里实现其视觉效果，完全是象形式的，如果在任何其他距离上观察，画作都将是不可被理解的。我想在此予以强调的是，这一点在绘画中已经得到承认，但在建筑中却没有得到真正的重视。我的注意力特别集中于这个问题上，但其实我自己在过去也不了解中世纪的建筑师们是如何小心翼翼地解答此问的。在我第一次仔细观察威尼斯公爵宫上层拱廊的柱头时，我被它们怪异而粗糙的手工艺所蒙蔽，便以为它们的艺术价值低于下层拱廊。直到我发现我本认为最为糟糕的上层拱廊，如果转而从下方观察，却呈现出卓越的建筑艺术效果时，我才打开了这一奇妙的自我调适体系之门。后来，我逐渐发现一个崭新的系统隐藏其后，在我所考察的每一座代言伟大时代的建筑中，这一系统均被出色地验证了。

这一调适体系有两种不同的情况。在第一种情况下，同样的设计，如果以靠近眼睛的距离观察，就需要精细加工。当作品距离眼睛较远时，细节减少，其切割手法转为粗犷。在这种情况下，不容易区分经济性和技艺性，何为潦草何为精密。第二种情况下将采用不同的手法，设计采用更为概要的元素和更加简单的线条，同时，以精到的方式切割。这当然是更为高明的策略，能够更加令人满意地实现目的。不过，当近距离观察时，我们还会发现，这两种情况下的作品其缺陷程度也是同等的。第一种情况是完美设计与粗糙手艺的结合；第二种情况是完美手艺与粗糙设计的结合。在以上种种不完美之处，却产生了令人钦佩的装饰作品。

关于装饰的下一个问题与其数量密切相关。人类创造之体系，"作为上帝的创造物，并不是自己单独蹦出来的，而是共同表达着一场创造的盛宴，所有的客人都彼此坐得很近，没有什么让人觉得缺憾和匮乏的地方"，同样地，建筑装饰也是一场盛宴，不应有累赘之物。因此，在分配我们的装饰时，绝不能留下空隙引发空白的感觉，但也不能有任何一处装饰片段是可以被削减的。凡是无关的能去掉的片段，都不是装饰本身，而仅仅是畸瘤和累赘。如果的确是多余之物，就必须摒弃。另一方面，还要注意，要么扩充允许的装饰数量，并将调适关系延伸到整座建筑，要么集中于装饰本身。但是永远不要形成一种感觉，好像装饰集中出现于某几个局部，而且脱离建筑的其余部分，这些装饰可以独立存在。在这件事上，很难给出可以指导我们的规则，也很难分析我们的感觉。有些柱子带有雕刻，而另一些柱子没有雕刻，但后者依然可以显示其优美；有些窗户像阿拉丁神灯一样镶上珠宝，而另一些窗户十分朴素，但后者依然可以显示其优美；单独一扇门或多扇门，一座塔楼，教堂的整个西立面，半圆壁龛或耳堂，都可以成为装饰重点，而另一些做法十分朴素，但后者依然可以显示其优美。在以上情况下，要么有我在《建筑的七盏明灯》第一章中提出过的，感觉也流露了某些迹象，那就是渴望突出建筑的某个部分，就像我们内心渴望的那样，让其余部分保持朴素，而不是僵硬地处理建筑，使得主体无法突出。或者有选择地烘托一些重要特征，使其比次要部分更为耀眼，装饰仅限于这些特征。如果没有整体，没有对建筑重要元素的偏爱，那么，当装饰以病态的奢华在建筑的空白面上突兀地交替时，便成为邪恶之表征。在苏格兰和英格兰的许多修道院里，尤其是苏格兰的那座梅尔罗斯修道院，就带有这种让人痛苦的感觉。不过，我见过的最糟糕的例子是圣乔治医院边威灵顿雕像拱门两侧的窗户。首先，窗户在那里根本起不到功能上的作用；第二，窗户的条石部位并非装饰的合适位置，尤其是使用波浪形装饰，让人瞬间想起铸铁；第三，装饰的丰富性仅仅变为墙上一块补丁状东西的突然爆发，人们几乎不知道是该对其严重的矫揉造作感到恼火，还是该对随意的平行四边形所显示的虚荣奢侈感到恼火。

最后，关于装饰的数量，我一再重申，装饰的量需要得当，过犹不及。也就是说，迄今为止，装饰本身一直被法则所统一和协调。但是，如果试图比你领会的法则掌握更多的装饰元素，你很可能就会做过头。每增加一种装饰的顺序，就增加了应用上的难度。这和在战争中的情况完全一样。你在抽象的理念主导下，手下不宜有太多的士兵，但你可能轻易就拥有超过国家所能维持的或者超过你的将才所能指挥的士兵数量。在战斗的日子里，每一个你无法管理的军团，都会阻碍你的前进，阻碍你的行动。

因此，作为一名建筑师，你应该谦虚地衡量自己管理装饰元素的能力。记住，它的本质在于它的装饰性，在于它的被统领性。如果失去你对它的权威，让它命令你，领导你，或以任何方式摆布你，那么这是一种冒犯，也是一种负担，更是一种耻辱。装饰随时准备这样行动：疯狂地咬紧牙关，用自己的方式向前冲锋。因此，衡量你的力量，只要没有兵变的风险，就以兵对兵，以营对营。但请确保，所有的士兵都全心全意地投身于这一事业，没有一个士兵的立场是你所不了解的，也没有一个士兵是多余的。

# 第十五章　前厅

　　现在请跟我来，我们离开你的贡多拉已经太久。在这个秋天的清晨，跟我穿过帕多瓦黑暗的门扉，踏上通往东方的开阔大道。

　　道路十分平坦，宽约三到六英里之间，道路的两边种着榆树，葡萄藤爬满了花朵，嫩叶已经变为深红色，浓密的枝叶映出一丝忧郁的蓝色。在布伦塔河上有一条堤岸，它在河流和广阔的平原之间延伸，那片平原向北延伸到无穷无尽的桑葚田和玉米地里。布伦塔河缓慢而有力地流动着，这是一条浑浊的黄色泥流，既不急切也不迟缓，只是在单调的河岸下沉重地流动着，不时有短促的漩涡出现在浑浊的水面上，很快消失不见，好像被什么东西拖住，沉了下去。沿着北面的堤坝继续前行，这条路变得尘土飞扬，没有树荫了。多罗的白色高塔在远处热烘烘的雾气中颤抖，看起来仿佛远在天外。不一会儿，你会经过一座被称为"布伦塔别墅"的奢华建筑。它有着用砖和灰泥砌成的耀眼的、幽灵般的外壳，窗户上有像画框一样的楣梁，院子前面铺着鹅卵石，所有的一切仿佛都在炽热的阳光下燃烧着，漂亮的柱子和链条将建筑与大路隔开，看起来富丽堂皇。随后是另一幅画面，带有中国风变奏意味的哥特式建筑，被涂成红色或绿色，构成了实墙的主要部分，墙上画着虚设的窗户，每扇都画上了豌豆绿的百叶窗，还画上了透视效果不佳的古典楣梁。在花园围墙的顶部有灰泥雕像，古色古香，有些像在新街拐角处看到的，有些则像笨拙而奇形怪状的小矮人，身材肥胖，足蹬大靴子。这就是文艺复兴引导下现代意大利的建筑风格。

太阳缓缓升起，照暖了多罗小广场的墙面，我们在此换马前行。布伦塔河转为凝滞而纷乱的支流，阴暗的小片平地处在流水冲刷之中。河流一侧有一两座别墅，是旧威尼斯式的，我们可能在帕多瓦见过类似建筑。过不多久，别墅沦为彻底的废墟，孤零零地倚靠在水边，旁边曾是美丽的小花园，也被碾落成泥，到处是粗粝的树篱和破碎的栅栏残片。曾经临水的大理石台阶，现在也零落而破碎，陷入泥中，倾斜不平，覆盖着一层滑滑的绿苔。最后，这条路的终端指向了北方，在它的右边有一片开阔地带，长满了随风摇曳的野草，但是请你不要朝那边看去。

五分钟后，我们来到了梅斯特小旅馆上层的房间，在阴凉处休息片刻。桌子上常年覆盖着一块灰白色的台布，间或放置盘碟杯盏，还有一小块用油做成的特制白面包，看起来更像是一个面粉结而不是一块面包。从阳台上看出去，景色并不令人愉快：面前是一条狭窄的街道，一座孤零零的砖砌教堂，另一边是一座单调的钟楼；还有一些修道院建筑，窗户周围有一些深红色的壁画残迹；在街道之间，缓慢的水流穿行而去，旁边还有一两座小房子，门口有玫瑰花丛，就像英国的茶园一样，空气中并没有玫瑰的味道，只有大蒜和螃蟹的味道，烤栗子的热烟熏得空气暖洋洋的。窗户的下面扬起喧嚣声，断断续续的，是手推车运送行李时发出的声音。我们以最大的耐心跟随手推车，沿着狭窄的街道走了下去。

走了大约两百码后，我们来到一处码头，台阶在河岸边延伸逐渐，降至水中，我们曾经一度认为威尼斯的水是因为停滞而变得浓黑乌亮，现在再看一眼，就明白了，其色泽乃是因为它停满了威尼斯的黑色船只。我们上了其中的一艘，缓缓离开河岸。与其说是为了看看这种船是否真实，倒不如说并没有任何明确目的。起初，船下的水似乎在不断地往下沉陷，让威尼斯的河水沉入了柔软的虚空。实际上，河水却比我们见过的任何河流都要清澈，是一种薄薄的淡绿。它的上方有两三英尺高的河岸，枝繁叶茂，时而出现矮小的树木。景色迅速滑过贡多拉船的窗扉，仿佛一幅画卷，从我们的视线里匆匆掠过。

乘坐贡多拉之人，开始数起船桨的摆动次数，随着船首行进的方向，可以看到不时轻微抬起的船舷，于是慢慢失去了耐心，从垫子上站了起来，斜靠在船室的顶篷，海风在耳边呼啸而过。前方，除了蜿蜒的运河和笔直的堤岸，什么也看不见。西侧，梅斯特塔正在视野中逐渐变得微小，在它的后方，升起了一团紫色的阴影，如同玫瑰凋谢的颜色，围绕着地平线，在午后的天空柔和地勾勒着巴萨诺的阿尔卑斯山脉轮廓。继续往前，无尽绵延的运河终于转向了，在一些低矮的堡垒周围又分为错综复杂的角度，这些堡垒已经坍塌，在水的作用下仅剩下废墟——马尔格拉堡就是如此。接着，又是一个弯道，来到了观看运河的另一个视角，但也倏忽而逝。船头快速地将水面劈开，视野变宽了：河岸上茂盛的草丛越陷越低，最后沿着一片杂草丛生的海岸枯萎褪色。在它的右侧，若是几年前，或可看到潟湖一直延伸到了远方的地平线，温暖的南部天空在马拉莫科上空延伸到遥远的大海。现在，除了低矮单调的船坞残墙，什么也看不见了，光溜溜的拱洞间，潮水从中穿过——这是铁路桥，醒目地耸立于海面。但是在那些阴暗拱洞的尽头，在宽阔水面的另一侧，矗立着一排低矮的砖砌建筑，要不是有许多塔楼夹杂其中，就与英国郊区的制造业小镇没什么不同。四五座苍白的圆顶在其中心位置往外凸出，甚为耀眼。但是最先引起人们注意的是笼罩在它北半部的阴沉烟云，盘旋于教堂的钟楼之上。

这就是威尼斯。

# 第 II 卷　大海的故事

# 第一部分　拜占庭时期

## 第一章　王座

　　像过去那样旅行的时光已经一去不返，在那时，一个人不经历些辛苦跋涉是无法克服距离之阻隔的，而旅途丰厚的回报一部分是来自对沿途国家景致的充分欣赏，一部分是来自每一个晚间的快乐时光。旅行者在他跋涉而至的最后一座小山上，看到他将要去休憩驻留的宁静村庄分散在山谷溪流边的大片草地上；或者，站在尘土飞扬的堤道之上，期待已久之后，他终于看到了那一著名城市的塔尖，在夕阳的余晖中隐隐约约地闪烁，恬静而安详。这种快乐不是现代通行方式可以相比拟的，我想说的是，在旅行中，那些我们将要停顿之处，比起现代的玻璃屋顶和铁梁设计，若尚有更多的东西被人们期待和值得留存于记忆，那么这个时刻莫过于以下时刻，贡多拉船从梅斯特运河驶入开阔的潟湖，出现在眼前的威尼斯，也正如我在前一章结尾尽力描述的情景。威尼斯，通常会引发到访者轻微的失望，因为，从某个方向去看，它的建筑远不如意大利其他城市特征鲜明，但是这种不足在一定程度上被长距离的观察所掩盖，城墙和塔楼似乎十分奇异地从深海中被拔起。水域向南北伸展，成为一个个涟漪状的光晕。无论是头脑还是眼睛，都不可能立刻理解这片广阔的水域，也不可能琢磨出它东面的一长串小岛。海风吹拂，白色的海鸟尽力嘶鸣，黑色的杂草被吹散又消失，在起伏绵延的浅滩上，在稳定的潮汐推进下，大海环抱着威尼斯，使得城市平静地栖息于其中。但它的颜色不像沐浴于那不勒斯海角，或熟睡于热那亚大理石岩下的大海那般蔚蓝、柔软，而是一片具有北方波浪之暗淡无名力量的汪洋，浸没于永恒的宁静之中，更仿佛从带着愤怒的苍白中扬起，化成一片光亮的金色。在岛上，一座孤独的教堂钟楼后面，太阳正在缓缓落下，这座教堂被恰当地命名为"海草之上的圣乔治教堂"。当船越来越接近这座城市时，旅行者刚刚告别的海岸在其身后沉没了，变成长长的、低低的、忧伤的线条，间或点缀着灌木和柳树。但是，在海岸的最北处，阿尔奎群山好像耸立于一簇紫色金字塔之中，平稳地显现于潟湖明亮的蜃景上，两三座平缓起伏的山峦缓缓延伸，从维琴察上方陡峭的山峰开始，阿尔卑斯山脉绵延于北部的整个地平线，就像一堵参差不齐的蓝色残墙，从其裂缝中可望见一片薄雾笼罩的悬崖荒野，最终消失在遥远的卡多莱深处，在那里，卡多莱的东侧积雪正被阳光照射，化成了巨大的阴影，亚德里亚海的海浪则一朵接一朵地涌起于层层云雾之后。随着贡多拉的快速前进，离目的地越来越近，穆拉诺钟塔及其城市形象也在海浪中越发清晰。最后，当我们到达城墙之下，走进人烟稀少的街道时，才发现道路不是通过塔楼的一道门或者一段防御城墙开始的，真正的城市入口在印度洋的两块珊瑚石之间。首先映入旅行者眼帘的是长长的圆柱宫殿，每一支黑色船只都停泊于这座门前，每一幅图像都投射在绿色的路面上，每一次微风都拂过了镶嵌装饰的幻想。在明亮的街道尽头，阴影笼罩的里亚尔托桥从卡梅隆宫殿之后慢慢地抛出它巨大的曲线，那奇怪的曲线，那么精致，那么不依不饶，结实得像一个山洞，婀娜得像一把弯弓。在月亮升起之前，船夫喊道："啊！史塔里"，声音震耳欲聋，于是船只在狭窄的运河里，在河岸将要触到船头前转向，水花飞溅而起，碰撞着大理石。当那只小船终于在银色的大海上驶过公爵宫时，可以瞥见圣母救赎堂雪白的穹顶，毫不奇怪，人们的心灵会被如此美丽而又如此奇特的景色所吸引，以至于忘记了它的历史和存在至今的黑暗真相。现在看起来，这样一座城市的存在与其说是因为担负着流亡者的恐惧，不如说是由魔法师的魔杖虚构出来的。她周围的水波如同折射其状态的镜子，并不庇护她赤裸的内心。大自然中一切狂暴或无情的东西——时间和腐朽，还有海浪和暴风雨——都被战胜了，无力摧毁她，变为了她的装饰，在未来的岁月里，她仍然保留着那似乎已经为其王座所凝固住的美丽，正如沙漏，恒常流动。

过去的多事之秋，整个地球的面貌充斥着剧烈的变化，但对威尼斯的影响比之前的五百年更为致命。现在，再也看不到她高贵的风景，如果我们只看一眼，让机械发动机放慢速度，我们就会看到，许多宫殿已经遭到污损，成为被亵渎的废墟，然而，仍然还有如此之多的力量在方方面面存在着，匆忙的旅行者，在离开威尼斯之前依然不曾真的理解她，他们忘记了她谦逊的起源，对她的孤寂也视而不见。他们错失了威尼斯，在一个记忆如此丰富、美丽无比的场所中，在他们的心中，想象带来的伟大福祉已经逝去，对于他们来说，幻想无力抑制痛苦的纠缠，掩饰不去苦恶的印象。摆在我们面前的任务并不容许任何臆测。浪漫色彩在那个世纪颓丧无力，尽管颇具特色，但事实上无力拯救，只能如攀缘花那样作为粉饰辉煌时期所攀附的遗迹。如果我们想要看到它们凭借自身的力量屹立的样貌就必须剥去这些宏伟的残片。这些情感无用又让人着迷，它无力保护威尼斯，甚至连辨析它们自己所依附的事物也做不到。被拿来作为现代小说和戏剧发生背景的威尼斯已经躺在了过去里，全盛时期的辉煌成为历史，我们的任务将是去拾遗。没有一个囚犯的名字值得被记住，没有一个囚犯的悲伤值得被同情。穿过威尼斯的"叹息桥"，这座拜伦式理想的中心，旅行者兴致勃勃地走过里亚尔托桥，而在历史上从未有一个伟大的威尼斯商人能够目睹这番情景。被拜伦称为伟大祖先法列尔[①]的雕像，其实是在法列尔死后150年由一名小卒建造的。在过去的三个世纪里，这座城市最引人注目之处已经完全改变了。如果亨利·丹多洛或弗斯卡里[②]能从他们的坟墓中被召唤出来，站在大运河入口处门廊的甲板上，那个著名的入口，既是画家最喜欢的主题，也是小说家最喜欢的场景，那么在安康圣母教堂的台阶下[③]，水域开始变窄的地方，伟大的总督们将不知道他们究竟身处于世界的哪个角落，也不会认出这座曾经的伟大城市里的任何一块石头，因为人们早已经忘却，他们两鬓斑白，带着痛苦走回坟墓。威尼斯的遗迹隐藏在蜂拥的人群之后，是这个国家在年老时不多的快乐，隐藏在许多长满青草的庭院、寂静的小径和荫蔽的运河中，这里的柔波已经侵蚀其历史根基五百年，此后，将很快地永远拔除它们。我们的任务将是去拾遗、搜集，把失落的城市碎片修复。这些大大华丽于今日的过往，并非出自王侯

---

① 译注：此处指威尼斯总督马里·法列尔（Marin Falier）。
② 译注：亨利·丹多洛（Henry Dandolo）、弗斯卡里（Francesco Foscari）均曾任威尼斯总督。
③ 译注：威尼斯安康圣母教堂（Church of La Salute），建于约 1631—1683 年，由巴尔达萨雷·隆纳（Baldassare Longhena）设计。

的白日梦，也并非出自贵族的奢靡情调，而是出自坚强的手和具有耐力的心灵，抵御自然的侵害，承受人类的怒火，如果想象力匮乏断不能拥有这些奇迹，只有洞穿荒野孤寂景象下的本质才能获得。生生不息的潮水和连绵的沙石荫蔽城市使其生长，并不想要她臣服。①

　　我不会就伦巴第表面的衰退来考验读者对现代科学的信仰，这种衰退已经持续了许多世纪。关于伦巴第的主要事实是，通过波河和大型支流，把大量细腻的沉积物输送到大海里。伦巴第平原的特征最为引人注目地展示于古城墙上，由大而圆的阿尔卑斯卵石与狭窄的砖砌层交替建造。1848年，这些鹅卵石筑成的壁垒在各个战场上被造到了足足四五英尺高，以阻止奥地利骑兵在维罗纳城墙下发起的进攻。这些细小的尘埃分散于卵石之中，被河流逐渐吸收，阿尔卑斯的积雪为之注入持续的力量，因此，无论水多么纯净，当它从湖泊群流出时，在到达亚得里亚海之前就已经变成了黏土的颜色，不再透明。携带而至的沉积物在进入海洋前逐渐积聚，沿着意大利的东海岸产生了一大片低地。波河强大的水流使得积聚效果加剧。在它的南北两侧，有一片沼泽，由较细的溪流所滋养，不像中央地带的三角洲那样变化不定。于是人们在其中的一片土地上建起了拉文纳，在另一片土地上建起了威尼斯。

　　在最早的时光里，究竟是什么样的环境作用，导致了这一巨大的沉积地带以奇特的方式分布，然而在这里，不是讨论这一问题的时机。但是，我们只要知道，从阿迪杰河河口到皮亚韦河河口，在距离

---

①　译注：威尼斯基本是石灰性土壤形成的沼泽状小岛。

实际海岸三到五英里处，有一片滩涂，被狭窄的水道分割成长长的岛屿。这些河岸和真正的海岸之间的地带，便由这些岛屿和其他河流的沉积地带组成，形成一片巨大的石灰质平原。威尼斯附近高水位的海水覆盖下，大多数地方深度为一英尺或一英尺半，在退潮时，大海的底部彻底暴露在外，但它被错综复杂的、狭窄且弯曲的沟壑分割成网络，大海未完全退去。在某些地方，因为水流作用，土地抬升为沼泽地，经时间流逝，逐渐成为坚固的地面，人类便可以在其上建设房屋。在其他地方，恰恰相反，土地还没有升高到海平面之上，因此，在潮水退却时，大片的浅湖在毫无规则性的海藻地里闪闪发光。其中最大的一片土地，通过几处大河道的汇合朝向大海的方向打开口子，威尼斯就是建立在一个如此密集的岛屿群上。在这座中央岛屿群的北部和南部等地势较高的地带，在不同时期里有大量的居民在此生活。现在，城市、村庄、修道院和教堂的遗迹，分散在大片空地之上，大部分处于空置的废墟状态，少部分还在为大都市的需求服务。

潮汐涨跌的范围平均约为三英尺（且随着季节变化很大），但是在这个秋天，在如此平坦的海岸上，潮汐已经足以引起水波的持续运动，在主运河产生回流。在高水位的时期里，威尼斯从南至北，许多地方都看不到陆地，除了以小岛屿的形式出现的土地点缀其中，这些小岛屿上散布着塔楼，在各个村庄中闪耀。城市与欧洲大陆之间有一条约三英里宽的海峡，与被称为利多岛的沙质防波堤之间有一英里半宽，利多岛隔开亚德里亚海与潟湖，但是防波堤的高度如此之低，以至于人们仍感觉城市建造在海洋的中心，尽管城市的真正方位也可以由标示深水海峡的成组木桩确定。远处起伏的链条，就像是巨型海蛇布满钉子的背脊，在狂风中跳动，波光粼粼，海的平稳不复存在。

但是，退潮时海水下降十八英尺或者二十英尺足以使潟湖的大部分底部显露出来。退潮时，我们可以看到城市耸立在一片暗绿的海草所覆盖的盐化平原中间，只有布伦塔河较大的支流汇聚到里多港。贡多拉船和渔船穿过这一片咸湿而又阴沉的平原，沿着曲折的河道前进，这些河道很少超过四英尺深，经常被泥浆堵塞，以至于较重的龙骨会在底部划出沟壑，在清澈的海水中可以看到它们交叠的痕迹，就像冬天道路上留下的车辙一样，船桨每划动一次都会在水底留下蓝色的裂缝，有时候被沉甸甸的杂草缠住，杂草又被阴沉的海浪重重拍打在河岸上，在潮水的摇晃中疲惫地旋转。即使在这一天里，看得到岸上漂亮建筑的残片，其场景也常常令人压抑。但是，为了明了威尼斯曾经是何等光景，让旅行者在晚上乘着他的船沿着一些人迹罕至的通道向前蜿蜒吧，深入极度忧郁的平原。在他的想象中，在远处应该依然延续着伟大城市的光辉，也包含附近岛屿上的城墙和塔楼。如此等待着吧，直到夕阳将明亮与甜蜜从水中收回，黑色荒原在夜色中赤裸展现于海岸之前，没有道路，也不再让人舒适，世界变得十分虚弱，迷失在黑暗的慵懒和可怕的沉默之中，潮涌潮落，海鸟飞经它们身边发出惊诧的鸣叫。他在某种程度上对古时候人们选择的居住地的孤寂感到恐惧，很少有人去思考，是谁最先将木桩敲进沙中，向海中投撒芦苇的种子，它们的子孙将统领这片海洋，它们的宫殿将傲立于这片海洋。然而，在这悲悯之野上存在着关于统治的伟大法则，也总叫人警醒，预言威尼斯民族随后的命运，在随着木桩敲入大海之时便已经响起。如果隔离岛屿的海流再深一些，那么敌人的海军将一次又一次地征服这个城市；如果拍打海岸的波浪再汹涌一些，那么威尼斯建筑的繁华和精致将会被一座普通海港的墙壁和堡垒替代；如果城市的街道更为宽阔，而运河全部涨满水，那么这片土地上的城市也将毁灭殆尽，沼泽也将带来瘟疫；如果涨潮时水位只涨了一英尺或十八英寸，那么通向宫殿大门的水路就不再可能了，即使这样，在退潮时，也很难避免踏上又低又滑的台阶才能上岸，最高位的潮汐有时会进入庭院，溢满入口层的大厅。涨潮和退潮的水位如果多相差十八英寸，在退潮时就会在每座宫殿的门阶留下成堆的杂草和贝壳，而上层社会在日常交往中使用的轻便水上交通系统也必须废除。这个城市的街道会被拓宽，运河网会拥挤不堪，此地和此地人的所有特殊性都会被破坏。

# 第二章　托切罗岛

在威尼斯以北七英里处，有片沙土质的海岸，其靠近城市的部分稍稍高出低水位线，逐渐积聚和升高，形成了一大片盐沼，隆起为一个个不怎么成形的土堆，同时被狭窄的沟壑分割。其中最小的一片海湾躺在建筑的残骸中，蜿蜒了一段时间后，焦黑的杂草混合着白色的岩藻点缀其间，流入一处凝滞的水塘里，旁边有一片长满常春藤和紫罗兰的绿草地。在这座土丘上，有一栋粗糙的伦巴第式砖砌钟楼，如果我们在黄昏时分登上山丘（一路上没有阻碍，碎裂的台阶之上，大门上的铰链还在悠闲地晃动），就可以看到这片广阔世界中最为引人注目的一幕。在我们的视野所及之处，是一片荒凉的海上泽国，成片的血红与灰白。这种颜色不太像北方的沼泽，在北方，沼泽地有着乌黑的池塘和紫色的石南。但是，这里的沼泽是死气沉沉的，一种粗麻布般的颜色，污秽的海水浸透了水草的根部，发出刺鼻的气味，蜿蜒的河道中四处闪耀着阳光。这里无法聚集奇异的雾气，也没有云朵飘过。但是，在温暖的夕阳下，呈现出某种空旷和忧郁之感，让人颇感压抑，这种寂寥之感一直延伸着，直到东北方的黑暗地平线为止。在北部和西部，沿着地平线的边界有一道蓝色的陆地轮廓线，在这之上的更远处，还有一片薄雾笼罩的山脉，被积雪覆盖了。在东部，阴郁的亚得里亚海咆哮着，海浪拍打沙滩的声音响彻云霄。在南部，平静的潟湖其支流逐渐变宽，交替为紫色和淡绿色，它们倒映着晚霞和暮色中的苍穹。几乎就在我们脚下的土地上，当我们极目远望于高塔时，有四座建筑引人注意，其中两座比村舍稍大一点（虽然都是用石头建造的，有一座用古雅的钟楼装饰），第三座建筑是一座八角形的小教堂，我们只能看到它的红色平屋顶和瓷砖，第四座建筑是一座相当庞大的教堂，带有中殿和侧廊，但同样地，除了它长长的中央屋脊和屋顶的侧坡，我们几乎再也看不到别的什么了。阳光在近处的绿色田野和远处的灰色沼地之间跳跃。建筑附近没有任何生命的迹象，周围也没有任何村庄或城市的遗迹。看起来，它们像一小群停泊在遥远海面上的船只。

往南看去，在潟湖的支流之间，明亮的湖面上升起许多座暗黑色的塔楼，分散在以方块形聚集的宫殿群中，形成一条长而不规则的天际线，闪现在南部的天空中。

犹如一对母亲和女儿，仿佛都失去了她们的丈夫，这就是托切罗岛和威尼斯。

在1300年前，灰色的沼泽地看起来和今天的一样，紫色的群山在黄昏深处熠熠生辉，但是在地平线上，有怪异的火焰升起，混合着夕阳的光辉，有人发出哀鸣，混合于波浪冲刷沙滩的声响之中。火焰乃自阿尔蒂纳姆废墟中升起，哀鸣乃自它的人民中发出，像古时的以色列一样，流亡者不得不在大海上寻求躲避刀光剑影的安全地带。

当人们离开后，牛群在城市遗迹上进食和休憩，城市的主要街道在拂晓被割草机的镰刀扫过。夜晚，空气中散发着大片柔软草地的清新气味，飘进古老的寺庙，成为此地唯一的熏香。让我们走近那片小小的草地吧。

最靠近钟楼底部的那弯湖泊，并不是进入托切罗岛的入口。而另一侧的湖面稍宽一点，岸边种植着桤木，只要我们顺着潟湖的主要水道蜿蜒而去，就可以到达曾经是城市广场的那片草地。在那里，灰色石块垒成了码头。草地并不比一个普通的英国农家小院大多少，四周由木栅和忍冬或石南的树篱围起来，我们继续穿过一条几乎无法辨认的小径，大约四五十步宽，这条小径逐渐扩展成一个小广场，三面有建筑物，第四面是临水的。走近运河时，其中有两座建筑，一座在我们的左边，一座在我们的前方，其历史都可以追溯到14世纪初。建筑的规模比较小，犹如农家院落的外屋。左侧的建筑是修道院。前方的建筑被称为"公众之殿"。第三座建筑是圣福斯卡八角形教堂（托切罗大教堂），它比这两座建筑都要古老得多，但规模并不比前两者大。虽然这座建筑门廊上的柱子是以纯希腊大理石制成的，柱头部位有丰富精美的雕塑，但是柱子及其支撑的拱只将屋顶提高到牛棚的高度而已。观众从整个场景中得到的第一个强烈的印象是，无论这个地方经受了什么样的罪恶，被如此彻底地破坏，它在过去都不可能是有过野心的。随着我们逐渐靠近并进入教堂，这种印象也不会减少。整个建筑群都从属于这座教堂，它显然是由那些处在逃亡和苦难中的人们建造的，他们在匆忙建造的岛上教堂中，寻求一个避难所，进行他们诚挚而悲伤的崇拜。一方面，它的辉煌不能过头，以至于吸引敌人的目光；另一方面，它与被摧毁的教堂形成的对比也不能过头，以至于唤醒人们太多痛苦的记忆。到处都可以看到一种简单而温柔的努力，他们恢复特定形式的寺庙，将荣誉敬献给上帝，而痛苦和屈辱阻止了过度的欲望，出于谨慎，他们不使用豪华的装饰和宏伟的平面。教堂的外部不采用任何装饰，除了教堂西面的入口和侧门。前者在侧柱和楣梁做了雕刻，后者在十字架上有多姿的雕塑。在窗户厚重的石制挡板上，带有巨大的石环，起着支撑柱子和支架的双重作用，整个建筑更像是躲避阿尔卑斯山风暴的避难所，而不是位于人口众多城市之中的大教堂。在教堂内部，东西两端有两幅庄严的马赛克镶嵌画，其一描绘着最后的审判，其二描绘着圣母，她的眼泪随着她的祈祷手势缓缓落下。成排的柱子环绕于教堂内部，一直到牧师的宝座和高级神职人员的半圆形凸起的座席为止。人类无家可归，但又期待归属，这座教堂表达了"被迫害但没有被抛弃，被打倒但没有被摧毁"的那种人类深层的悲伤和高贵的勇气。

我不知道有任何其他意大利早期的教堂能够以这种特殊的言说，达到如此卓越的境界。它与每个时代的基督教建筑所应该表达的一切是如此一致（鉴于流亡者建造托切罗岛大教堂的事实，正是每个基督徒应该从自己身上意识到的精神状况的典型，时代的精神状况乃人类在地球上无家可归的状态，除去把精神至高处作为他栖居之所，别无他择），以至于我宁愿读者的思想固定于普遍性特征，而不是建筑的某个细节上，不管细节多么有趣。因此，我将只考察普遍性特征，且有必要给出一种清晰的思考方式，使读者理解建筑具有特殊的言说能力。

我不关心墙壁的厚度和建筑外部的布局，这不是我们目前研究的目的，我也没有对此仔细考察，内部平面已经足以反映问题。教堂是以常见的巴西利卡平面来设计的，也就是说，它的建筑主体被两排巨大的柱子分为一个中殿和两个侧廊，中殿的屋顶被两排柱子支撑的墙壁高高地提升到侧廊上方，并在墙面上开凿了小小的拱形窗户。在托切罗岛，教堂的侧廊同样以这种方式设计，中殿的宽度几乎是侧廊的两倍。

然而，无论是早期基督教建筑的无声语言（无论在建造时这一点有多么重要），还是哥特时代叶状装饰涌现出关于新生命的微妙幻想，如果路过的旅行者从来没有被教导在建筑中欣赏除去五柱式之外的任何东西，那么新的阅读或感知都无法产生。他很难不被柱子本身的简洁和尊贵打动；通过光线的散射，布道坛和屏饰的精致造型和可爱雕刻也将打动到访者，多少生出感慨；最重要的是，他还将为教堂的极致感震动。在后来的大教堂中，教堂东端使用类似的特殊设计，建造献给圣母的小教堂，具有戏剧效果的仪式在辉煌的祭坛前进行。其平面设计为一个简单的半圆形休息处，下面设计三排座位，逐排升高，方便主教和牧师观看、指导民众的信奉仪式，在日常服务中去除了履行主教或上帝之羊群看管者的单一职能。

让我们依次考察这些普遍性特征。首先（关于柱身已经较为充分地讨论过），托切罗大教堂的独特之处在于它的内部光线。这一点也许很能打动旅行者，因为它与圣马可大教堂阴暗的内部空间形成了鲜明对比。但是，当我们将托切罗大教堂与当代意大利南部的巴西利卡式教堂或北部的伦巴第式教堂进行比较时，这将是最为值得注意的特征。米兰的圣安布罗吉奥教堂、帕维亚的圣米歇尔教堂、维罗纳的圣芝诺教堂、卢卡的圣弗雷迪亚诺教堂、佛罗伦萨的圣米尼亚托教堂，这些教堂与托切罗大教堂相比，都像是阴森森的洞穴。而在托切罗大教堂里，即使在暮色渐深的时候，雕塑和马赛克镶嵌画的每一处细节依然清晰可见。当我们发现阳光如此自由地进入一座由身处于悲伤之中的人们建造而成的教堂里时，这一点特别令人感动。他们不需要黑暗，他们也无法忍受黑暗。他们经历了足够的恐惧和沮丧，不想建造阴霾般的建筑。他们在他们的宗教中寻求安慰，寻求可及的希望和承诺，而不是胁迫或神秘。尽管墙上的马赛克选择的装置主题具有庄严感，但没有刻意雕琢的阴影，也不存在暗沉的色调。一切都是清晰的、明亮的，显然人们试图传播希望，而不是恐惧。

建造者心灵的力量和坚韧，即使在细节的部位上，也没有丝毫减弱的迹象。相反，建筑各个部分的完善和优雅都是无与伦比的，似乎就是为了揭示局部在整体中的位置设计的。在各部分的建造中，最为粗犷的是从大陆带来的式样，这些式样取自最为精良和优美的建筑。其中，可注意到新的柱头，屏饰则以精致的镶嵌工艺制作，非常引人注目。在教堂的六根柱子之间形成了一堵矮墙，围出高出中殿大约两级台阶的空间，是为唱诗班准备的。低处的屏上，雕刻着成群的孔雀和狮子，每块嵌板上有两处面对面的浮雕，丰富而神奇，难以用语言描述，即使未显示出对狮子和孔雀形态知识的准确理解。楼梯与屏饰的北端相连，当我们经过布道坛楼梯后方时，会发现匆忙建造教堂留下的证据。

然而，托切罗大教堂除了讲道坛，还有许多不引人注意的特征。讲道坛被支撑于四根小柱子上，位于屏饰北侧的两根柱子之间。柱子和讲道坛都设计得十分朴素，通往那里的楼梯是以致密的砖石砌筑的，外部是精细雕刻的大理石板。楼梯的护墙也是密实的砌体，在丰富的外部雕刻下熠熠生辉。这些砌块，至少装饰楼梯的部分，都是从大陆带来的，而且，由于其尺寸和形状不容易根据楼梯的比例进行调整，建筑师将它们切割成他需要的尺寸，而不考虑原设计的主题或对称性。讲道坛不是唯一出现这种大手笔调整的地方，在教堂的侧门有两个十字架，由大理石板切割而成，原先整个表面覆盖着丰富的雕塑，其中十字架的部分被留了出来。线条是在十字架两臂之间任意切割得到的，就像在丝绸上随意剪裁出的式样一般。事实是，在所有早期的罗曼风建筑作品中，以雕塑大面积地覆盖建筑的目的仅仅是追求丰富性。雕塑，通常总是带有意义的，因为雕塑家总会以大脑来指导他的凿子，而不是盲目地工作，但雕刻家一般而言并不指望观众理解他的思路。所有用来装饰的雕刻似乎是为了形成表面的丰富性，使建筑赏心悦目即可。一旦理解了这一点，就明白一块带装饰的大理石对于建筑师的意义，就像一块花边或刺绣品对于一个裁缝的意义。裁缝可以根据自己的需要来选择布料的一部分，而不考虑图案被裁剪出来的位置。尽管乍看之下，这一过程表明了感情的直率和粗鲁，但经过思考，我们可能会发现，这种现象也表明主动性的冗余之下，其对应的操作本身并没有多少价值。当一个野蛮的国家用被它推翻了的王朝留下的精致建筑碎片来建造新的堡垒时，我们能在这些艺术的残片中读到历史的野蛮，而这些遗迹也几乎只能通过这一机遇得以保存。但是，当新作品在设计上与旧的艺术作品不相上下，甚至更胜一筹时，我们可以公正地得出结论，后者所遭受的粗暴对待是人类希望创造出更好的事物的迹象，而并非因为对那些已经完成的作品缺乏感情。总的来说，这种装饰上的粗心大意实际上是建筑师依然具有生命力的证据，也是他们在建筑效果的作品和具有抽象完美的作品之间作出适当区分的证据。这通常也表明，设计对他们来说如此容易，他们的生命力如此无穷无尽，以至于他们甚至吝惜于付出轻微的努力来多少减轻些伤害。

然而，在目前的情况下，如果大理石没有经过其手雕刻，建筑师是否会不厌其烦地丰富它们？这似乎值得怀疑。因为讲道坛其余部分的工艺是较为简单的，在我看来，正是因为如此，建筑其他部分才能引发观众更大的宗教上的兴趣。讲道坛被支撑在四根柱子上，呈椭圆形，从中殿的柱子延伸到下一根柱子，给传教士的行动留出了自由的空间，也符合南部国家能言善辩之人的特点。在讲道坛前方的中央位置，一座小支架和独立的柱子支撑着一张狭窄的大理石桌子（在现代讲道坛垫子的位置），桌子被挖空出低于表面的一条浅曲线，在石板的底部留下一个突出的支撑书页的部分，避免书滑到一边，或在传教士的手中滑落。六个白色纹理的紫色大理石球雕刻在布道坛的边缘，作为唯一的装饰。十分完美而优雅，但有些过于简洁和庄严，为了耐久性和实用性，所有的石头要物尽其用，如同刚建造教堂时那样结实和完整。这一设计与中世纪大教堂的讲道坛和现代教堂中的华丽装饰形成极为鲜明的对比。值得我们想一想，讲道坛装饰对其功能的影响有多大，以及对于这一至关重要的教堂特征，现代的设计处理是否合适。

但是，托切罗大教堂讲道坛的严肃感，在半圆形后殿座席和主教座上更为瞩目。其设计多少让人想起罗马的圆形剧场。通向中央的台阶隔开了连续阶梯和座位（前三排的设计很可疑，因为作为台阶似乎太高，作为座席似乎又太低），就像在圆形剧场一样，通道与座位交叉布置。这种设计非常简略，不附加辅助设施（整体以大理石建造，中央宝座的椅臂并非为了便于使用，而是为了与普通座席区分），但是依然展现尊严，值得新教徒思考。主教权威的含义，在教会的早期阶段从未有过争议，其设计也完全没有任何骄傲或自我放纵的迹象。

此外，我们应该记住在这座岛屿教堂中，主教宝座位置的特殊意义。在所有早期基督徒的心目中，教会经常意味着一艘船的形象，主教是船的掌舵者。让我们想一想这个符号在人们的想象中所呈现的力量吧，在世界毁灭之时，教会成了他们的精神避难所，其重要程度丝毫不亚于过去拯救了八个灵魂的避难所，在这场毁灭中，愤怒像大地一样宽广，像大海一样无情，他们看到的教会超出了其物质实体的承载，它本身就应当像洪水中的一叶方舟。这种想法毫不奇怪，亚得里亚海的波涛在流亡者出生的海岸之间汹涌，他们被永远分离，他们本应该像门徒们在风暴降临提比略湖时那样互相看着对方，并对那些以神的名义进行统治的人表示善意和服从，请他斥责风暴，命令大海保持安静。如果陌生人们还想知道威尼斯的统治是以什么样的精神开始的，她以什么样的力量去征服，那么请不要试图计算武器库的财富或军队的数量，也不要被宫殿的壮观所迷惑，更不要深究议会的政治秘密。他应该登上托切罗大教堂祭坛的最高层，然后，像过去的舵手那样沿着神庙的大理石肋板，登上甲板，环视相继去世的水手，努力让自己感受内心的力量。最初那时，当木桩钉入沙中时，在屋顶的庇护下，家园中的火炉依然将天空照得通红；最初那时，在密实的高墙之内，在波涛无尽的呢喃中，当海鸟的翅膀撞击岩壁时，陌生的古老歌谣回响：

海洋属于他，海洋由他创造；

他的手又造出大地。

# 第三章　圣马可大教堂

"于是巴拿巴带着马可，坐船去了塞浦路斯。"[1] 当他眼中的亚洲大陆逐渐变小时，他的手放在舵上却忍不住退缩，他被基督教的神职人员判定，不配继续信奉上帝。然而他真心地祈祷，心中感知预言般的力量，这将多么使人感到安慰，在未来的时期里，狮子将被用来代表自己！多么不幸啊，他的名字在战争中随着士兵的呐喊，点燃了战斗的怒火，在那些平原之上，他被迫屈从于基督教的统治，塞浦路斯海面上浸染着无数失败者的血液，在波浪之上，充满忏悔和耻辱，他将追随劝慰之子！

毋庸置疑，威尼斯人在9世纪得到了圣马可的遗体，或许正因为如此，他们选择将他作为守护神。然而，有一个传说是，在进入埃及之前圣马可在阿奎莱亚建造了教堂，因此，在某种程度上，他是威尼斯人民的第一位主教。我相信，就像传说圣彼得一直是罗马的第一位主教一样，关于圣马可的传说同样有良好的基础；但是，这个传说在后来继续被改编和添加，也很像关于穆拉诺教堂的故事。

---

[1]　引自基督教圣经《新约》使徒行传（Acts）第 15 章第 39 段。

　　但无论圣马可是否是阿奎莱亚的第一任主教，圣西奥多都是这座城市的第一任守护神；我们无法认为它的早期影响已经消散，因为其立于鳄鱼身上的雕像，仍然与广场对面柱子上的有翼狮子相伴。据说，在9世纪之前，一座为圣西奥多建造的教堂就在圣马可大教堂所在的位置上；当旅行者站在圣马可广场之上，为其宏伟辉煌赞叹不已的时候，也该想象一下它早期的样貌，当时它是一片如茵的绿地，被一条小小的运河分开，两岸栽种着成排的树；并延伸到圣西奥多教堂和圣吉米尼亚诺教堂之间，托切罗岛的小广场位于"宫殿"和大教堂之间。

　　但是在公元813年，政府所在地最终被迁到里亚尔托岛，也就是现在的公爵宫，旁边还有一座公爵小教堂，这一切赋予圣马可广场一种非常特别的风格；十五年后，在威尼斯人获得圣马可圣体后，圣体被安放在当时也许还并没有完成的教堂内，并举行过庄严辉煌的授权仪式。圣西奥多教堂被废黜了作为守护神的职责，教堂随之被摧毁，以便为公爵宫附属教堂的扩建腾出空间，这座公爵教堂在此后被称为"圣马可大教堂"。

　　然而，在公元976年，在反抗皮埃特罗·坎迪亚诺的战斗中，公爵宫被烧毁，第一座教堂也付之一炬。他的继任者皮埃特罗·奥西洛以更大的规模重建了部分建筑；在拜占庭建筑师的帮助下，这项工程在历任总督统治下延续了近百年。主体建筑于公元1071年完工，但直到很多年以后，大理石镶嵌工程才告完成。在公元1085年10月8日举行了新教堂圣礼。①

────────────

① 皮埃特罗·坎迪亚诺（Pietro Candiano，925—976），威尼斯总督。皮埃特罗·奥西洛（Pietro Orseolo，928—987），威尼斯总督。

在公元1106年，教堂再次遭受火灾，随后被修复；从那时起直到威尼斯沦陷，威尼斯历任总督都对教堂进行过程度不一的装饰或者改造，也导致教堂的各个部分都较难确定确切的建造时间。然而，有两个时期值得注意：第一个时期是14世纪末期，哥特式建筑取代了拜占庭式建筑，建筑外部添加了尖顶、上部的拱门饰、窗花格、巨大的屏饰，建筑内部添加了小礼拜堂和圣体龛；第二个时期是文艺复兴风格取代了哥特式风格，提香和丁托列托风格的继承者们将教堂一半的装饰镶嵌细工替换为自己的作品；令人宽慰的是，尽管并未出于善意，他们留下了足够的原始装饰，让我们得以想象和哀叹被他们摧毁了的部分。

我们可以看到，教堂的主体大约于11世纪完成建造，哥特式建筑的部分大约完成于14世纪，马赛克镶嵌细工的修复大约完成于17世纪。一眼就能分辨教堂的哥特式部分和拜占庭部分；但是要确定在12世纪到13世纪的过程中，教堂究竟花了多长时间完成其拜占庭式的增建部分则十分困难。这一部分工作很难轻易区分于11世纪的工作，因为这些增建被刻意以同样的方式完成。关于这一点最重要的两大证据是，教堂南翼的马赛克镶嵌细工和教堂正面北门的另一处马赛克镶嵌细工；前者代表教堂的内部，后者代表外部。

教堂由威尼斯总督维塔尔·法列尔主持奉献典礼。在威尼斯人的心目中，仪式似乎被赋予了一种特殊的庄严气氛，似乎是罗马教廷神职人员有史以来安排得最好、最成功的一次。毫无疑问，圣马可的圣体已经在公元976年的大火中毁去。但是教会的价值太依赖于这些遗物所能够激发的来自教徒的虔诚，以至于无法承受失去圣体的损失。以下是克诺尔关于教堂隐藏遗迹给出的叙述，威尼斯人对这些传说至今深信不疑。

"在总督奥西洛对教堂进行修复后，神圣的福音传道者安放遗体的地方已经被完全忘记了。因此总督维塔尔·法列尔完全不知道这一神圣之所究竟位于何处。不仅对于虔诚的总督来说是这样，对于所有的公民和平民来说也一样让人痛苦。因此，在神的恩惠感召下，他们决定通过祈祷和斋戒来祈求神圣遗迹之显灵，神圣仁慈的彰显不依赖于任何人的意志。于是，在6月25日这一天，人们举行斋戒，聚集在教堂里为其所期望之恩惠祈祷，他们惊讶地发现，柱子上的大理石发出轻微的颤抖(在今十字架祭坛位置附近)，顷刻之间一样东西落到地面，人们欣喜若狂地发现,这是那具安放着福音传道者遗体的棺椁。"

这一传说的主体部分其真实性不容置疑。后来，这个故事又被许多稀奇古怪的传说所装饰，被不断润色和加工。例如，有传说称，石棺被发现时，圣马可伸出了他的手，一根手指上戴着金戒指，他仅允许多尔芬家族的一名贵族移动石棺。关于戒指的故事更为离奇有趣，我不在这里重复了，因为它听起来像是众所周知的一千零一夜故事。但是斋戒和石棺的发现却成了不容撼动的事实；这一传说被记录在教堂北翼的一块马赛克镶嵌画上，在这一事件发生之后不久就被记录其上，表现方式与巴约挂毯十分相似，以一种常见的场景反映教堂内部的情况。① 教堂里人头攒动，人们站在柱子前面，祈祷并感恩。威

---

① 巴约挂毯，也被称为贝叶挂毯（Bayeux Tapestry），或玛蒂尔德女王（La Reine Mathilde）挂毯，11世纪毛纺织手工业品，反映了中世纪盛期欧洲手工业的发展和远距离贸易的复兴。整条挂毯长达70米（现存62米），亚麻布为底，以绒尼刺绣，由若干块布料拼接而成，布面上绣了70多个场景，共出现了623个人物、55只狗、202匹战马、49棵树、41艘船，以及超过500只的鸟和龙等生物，还绣有约2000个拉丁文字作为注释。2007年，巴约挂毯被列入联合国教科文组织世界文化遗产名录。

尼斯总督站在人群之中，头上戴着镶着金边的深红色软帽，上面绣着"总督"字样，十分显眼。这也与巴约挂毯以及同时期绘画作品中的情况一致。教堂表现得很粗鲁，它的上部两层缩小到比较小的规模，以形成人物的背景。带着骄傲，我们的目光注视着这些历史画卷中的动人篇章，上千种事物从未被如此描绘。在这幅图景中，应当放上一两根真实尺寸的柱子，并把它淡化成一个模糊的背景：年迈的工匠应当把建筑紧凑地表达出来，一直画到上方穹顶；如果这么做，就可以留下一些古代建筑的形式笔记，然而没有一个熟练掌握绘画方法的人曾把古代建筑的证据以详尽的方式记录下来。我们还可以看到在两个布道坛处，有环绕整座教堂的马赛克镶嵌花朵的带状装饰，但已经被现代修复者损坏，仅仅留下南部门廊上的一小块残片了。屋顶上的其他马赛克镶嵌画的规模实在太小，无法显示优美的效果；有若干马赛克镶嵌画被留存，在整个教堂的描绘中特别值得注意，以表明我们对其优美与否的判断禁不起推敲。拉扎里（M. Lazari）曾经轻率地得出结论，圣马可大教堂的中央拱门缘饰是在1205年之后完成的，因为它没有出现在教堂正立面北门上方的位置上；但他也有理由相信，这幅马赛克镶嵌画（这是我们拥有的古代建筑形式的另一个证据）的制作不会早于1205年，因为青铜马装饰式样是在那一年才从君士坦丁堡传入的。仅根据这一事实，很难再谈论圣马可大教堂任何部分的修建日期；因为我们从上面的追溯已经看到，圣马可大教堂是在11世纪举行奉献典礼的，这块马赛克镶嵌画作为它重要的外部装饰之一，如果不是后来添加的，我们就可以很有把握地说，是在13世纪完成制作的，尽管它的风格常常让我们认为它是建筑中最初建造的部分。然而，就我们所有目的而言，读者只要记住关于圣马可大教堂的基本信息就够了：建筑的早期构架建造于11世纪、12世纪和13世纪上半叶；哥特式建筑风格的部分建造于14世纪；祭坛和装饰建造于15和16世纪；马赛克镶嵌画的现代部分完成于17世纪。

然而，我只想请读者记住，当我概要地谈论圣马可大教堂拜占庭式的建筑部分时，不会使得他认为整座教堂都是由希腊艺术家建造和装饰的。教堂在后来建造的部分，除了17世纪的马赛克镶嵌画，无一例外地都巧妙适应了教堂的原始构造，其整体效果仍然是拜占庭式的；除了在完全必要的时候，我不会把注意力放在建筑风格不一致的地方，也不会用批评的口气招读者厌烦。在圣马可大教堂，我们的视野所及之处，我们的所观所感，要么是拜占庭式的建筑，要么多少被拜占庭所影响；因此，我们对教堂建筑价值的探究，完全不必被古物式的焦虑所干扰，也不必被年代学的晦涩所束缚。

现在，我希望读者在我将他带至圣马可广场之前，想象一下，自己正走在英国一处安静的宗教型小镇上，正随我一起走到大教堂西面的正前方。让我们一起走入僻静的街道，在尽头，可以看到塔楼的尖顶，穿过一扇低矮的灰色大门，大门用栅栏围起，中间有小格子窗，走入内部的私人道路，在那里，除了为主教和牧师服务的商人手推车，什么也进不去，有一片经过修葺的草地，用树篱笆围了起来，后面有整齐排列的小型老建筑群，房屋上有许多小型凸窗向外伸出，木制的飞檐和屋檐被涂成奶油色或白色，小门廊的形状就像贝壳，木制山墙的弯曲形状则难以形容；继续向前，我们走入更大一些的房屋群，也是老式风格的，但以红砖砌筑，后面有花园和水果，透过丰收的油桃，往外可以瞥见古老的回廊拱和柱子的遗迹。在大教堂正面的广场上，草地和砾石路面被清晰地被划分出来，但并不让人不快，尤其是在阳光明媚的部分，还可以看到教区的孩子由他们的保姆带着散步。因此，小心不要踩在草地上，我们将沿着笔直的路走向西侧，在那里驻足，抬头再看看教堂尖尖的侧廊，仰望柱子之间的黑暗之处，那里曾经有雕像，而庄严雕塑所残留的碎片，依然在各处留存，这大概曾是国王的肖像。也许确实是一位国王，但也可能是许久之前的天堂人物圣像。随着视线升高，我们可以看到凹凸不平的雕塑和斑驳的拱廊，带有线脚的巨大墙面上雕刻着可怕的龙首和充满嘲弄表情的恶魔，墙面被雨水和寒风严重磨损，在它们石制的鳞片上长满深褐色的地衣，如同忧郁的黄金。荒凉之塔，如此之高，我们的眼睛忘我地追随着那些浮雕和窗饰，虽然这些作品制作粗糙，却十分强大，看起来很像是一些黑点构成的漩涡，不断漂移，时而分散，时而聚合，突然迷失于花饰之间，烦躁不安的鸟群叫声是铿锵的，如此刺耳，却又如此宽慰人心，萦绕于广场之上。正像悬崖和大海之间的孤独海岸，有一群海鸟展翅飞过。

我们该认真想一想眼前的场景，它具有所有微小形式的意义，混合着宁静的崇高。它与世隔绝的、持续的、令人昏昏欲睡的福祉和由大教堂的时钟所稳定履行着的职责。细细回味这些黑暗的塔影，对所有几个世纪以来，曾经穿过他们脚下孤独广场的人所带来的影响，对所有那些在远处看到这些塔于树木繁茂的平原之上耸立的人所带来的影响，或者对所有那些在他们的广场上捕捉着夕阳最后一缕光线的人所带来的影响。他们脚下的城市就这样被河湾上弥漫的薄雾指引着向前，向前。很快，我们很快意识到，我们正在威尼斯，就让我们在圣摩西街的尽端踏上陆地，而这里正可以被认为是通往英国大教堂大门那种僻静街道的入口。

　　我们发现自己走在一条有铺地的小巷里，最宽的地方有七英尺宽，到处都是人，充斥着叫卖者的吆喝声——先是人声，随后是黄铜铃声，充斥于沿路所经之处，十分难听。头顶上是杂乱无章的百叶窗，铸铁阳台和烟道被随意地架在支架上，以节省空间，拱形窗户使用伊斯特拉石材砌筑凸窗台，阳光照耀在树叶上闪烁着微光，无花果树从一处内院的矮墙上伸出树枝，把我们的视线引向悠远的苍穹。小巷的每一边都有一排密集的商店，在大约八英尺高的方形石柱之间间隔分布，形成建筑的一层，狭窄的间隔之间被当作门；另一种情况是在比较体面的商店里，墙砌到柜台的高度，上面镶着玻璃；但是，在那些比较寒酸的店铺里，商品直接陈列在露天的长凳或桌子上，光线从门面的正面照入，在距离门槛几英尺的地方光线就逐渐消失，室内是人眼所不能及的一片黑暗，但是，通常在房间深处，微弱的灯发出的一束光线会打破这种黑暗，光亮处常常悬挂着一幅圣母像。

　　再往前走一两码，我们将经过黑鹰旅馆，穿过大理石雕刻的方形门洞后，我们看到藤蔓在古井上投下阴影，旁边刻着尖盾；随后出现一座桥和圣摩西小广场，这也是进入圣马可广场的必经之处，被称为博卡广场（意为广场之口），威尼斯的性格在这里几乎被抹去，首先是因为圣摩西教堂的可怕外观，其次是因为大片现代化的商店紧紧挨着广场，最后是因为人群的关系，到处是闲逛的英国人、奥地利人或者威尼斯本地人。我们将快速穿过广场，走入"广场之口"尽头那片柱子的阴影里，然后，我们就会将不快全部遗忘；这些柱子之间散布着巨大的光影，供人漫步其间，当我们慢慢前进时，可以看到巨大的圣马可钟楼似乎从方形石阵中拔地而起：往每一个方向都可以看到无数的拱顶向四处延伸，匀称地排列着，我们在黑暗小巷里看到的那些不规则的房屋，在这里变得可爱起来，其布置相当具有秩序感，它们粗劣的门窗和磨损的墙壁在这里被代之以具有优美雕塑的拱顶和凿刻着精致凹槽的柱子。

往后退一步，我们就可以看见在整齐的拱门之后，地平线上的美丽景象。仿佛整座广场都沐浴于敬畏之中；如此多的柱子和白色圆顶，聚集成一座长长的低低的锥形体；闪耀着金光，看起来这座宝藏一部分是黄金，一部分是蛋白石和珍珠母，好像是在它之下挖出了五座巨大的拱廊，拱廊的顶部镶嵌着美丽的马赛克，还有雪花石膏制成的雕塑，如琥珀一样清澈，如象牙一样精致——这些雕刻奇妙而复杂，展现着各种形态，棕榈叶和百合，葡萄和石榴，在树枝间栖息和飞舞的鸟儿，共同形成一个漫无边际的花蕾与羽毛之网。在它们之中，有庄严的天使，手握权杖，席地而立，长袍加身，彼此依偎。他们的身影模糊不清，叶子金光闪闪，忽隐忽现，如伊甸园里晨光于树枝之上渐渐黯淡，不由让人想起在很久以前，这里曾经由天使守护。在门廊的墙壁周围，多彩的岩石、碧玉和斑岩制成了柱子，交错点缀着雪花纹路和深绿色斑纹的蛇纹石。这些柱子一半浸没于阴影之下，一半闪耀于阳光之中，明媚如埃及艳后，"以最为忧郁的神情亲吻"——阴影从它们身上悄悄溜走了，露出一道道蔚蓝色的波浪，如同退潮时，海浪逐渐离开了起伏的沙滩。它们的柱头充满了交织的花饰、根茎繁茂的卷叶、莨苕和葡萄藤，以及神秘的象征符号，始于十字架，又终于十字架。在宽阔的拱缘饰面上，还有一连串象征意味的标志和代表生命的形象——天使、天堂的标志、各个季节里大地上人们的劳作景象。在高处有一系列闪闪发光的尖顶，与镶有猩红色花朵的白色拱顶混合在一起，展现着一种兴奋而混乱的景象，希腊种马群的呼吸充满力量，它们的胸脯起伏着，发出耀眼的光芒，圣马可广场的狮子则耸立于缀满星光的大地之上，仿佛坠落于狂喜之中，拱顶四散成大理石粉末，闪着光，又如同浪花将自己抛向蓝天，来自利多岛岸边的碎浪仿佛在落下之前就被霜封冻了，海神便在上面镶嵌美丽的珊瑚和紫水晶。

阴森的英格兰大教堂与此处的景象，有多么大的差异啊！即使是萦绕于上空的鸟儿们也仿佛在诉说这一巨大的反差。这里的鸟群没有不安，听不到嘶哑的鸣叫，天空中看不到黑色的翅膀，成群的鸽子栖息在圣马可的门廊之下，它们互相依偎于大理石制的叶饰之间，它们的羽毛混合了历经七百年沉淀的大理石色彩，发出彩虹般的柔和光晕。

这种辉煌场景对那些从它下面走过的人产生了什么影响呢？如果我们在圣马可大教堂门前踱步，就会发现从日出到日落，从未有人抬起头来仰望它，也无人震惊于其样貌。无论是牧师和俗人，士兵和平民，富人和穷人，所有路过的人都对它熟视无睹。城市里寒酸的商贩们把货物摆到门廊的最深处，大教堂的柱础本身就是座位——不是卖献祭的鸽子，而是卖玩具和漫画。教堂前的整个广场遍布咖啡馆，威尼斯的有闲阶级在那里打发时间，阅读着空洞的杂志。在广场中心，奥地利乐队在晚祷来临时演奏军乐"米泽里厄里行进曲"，与管风琴的音色如此不和谐——阴沉的人聚集在一起，越来越多——如果它有意识，足以刺痛每一名向它吹奏的士兵。在门廊深处，穷苦流浪者无精打采，像蜥蜴一样，一整天都躺在阳光下晒太阳；还有从未被人们留意的流浪儿——年轻的眼睛充满绝望和无情的堕落，他们的喉咙因诅咒而嘶哑——赌博，打架，咆哮，睡觉，一个小时又一个小时，用钱币敲击着大教堂门廊的大理石。大教堂的基督和天使雕像则长年累月地俯视着这一切。

在我们的眼前是一道沉重的大门，以青铜之网锁住安息之地，让我们走进教堂吧。旋即迷失于深重的暮色之中，在建筑的形状能够被辨认之前，眼睛需要好长一段时间适应黑暗。展现在我们面前的教堂，犹如一座巨大的洞穴，凿成了十字架的形状，许多根柱子隔出阴暗的侧廊。围绕圆屋顶，光线自狭小的缝隙中透过，星星点点。从高处的窗扉洒入几许光线，划破黑暗，在大理石地面上形成小小的光斑，起伏变化，绚丽多彩。火把或银灯，在教堂的深处燃起，增加光亮。以黄金覆盖的屋顶和用雪花石膏覆面的光滑墙壁，在教堂每一个角落都反射着火焰的微光。当我们经过圣徒雕塑时，流光溢彩的头部出现了，又迅速沉入黑暗之中。在我们的脚边和头部上方，是连续不断的密集图像，从一幅画接连到另一幅画，就像身处于梦境之中。美丽和恐怖的形式巧妙地混合在一起。龙、蛇、猛兽，优雅的鸟儿从喷泉中饮水或从水晶花瓶中觅食。人类生活的激情和快乐象征着救赎的神秘。交织的线条和多变的图像组成的迷宫最终通向十字架，每一块石头上都布满雕刻。永恒之蛇缠绕于十字架，鸽子在臂下飞翔，茂盛的牧草从其底部生长。最为引人注目的是祭坛前长度横跨教堂的巨型十字架，它在后殿的阴影之中伫立着。在侧廊和小礼拜堂的深处，熏香浓重，雾气缭绕，我们可以看到一个身影在大理石上显现出模糊的线条，刻画了一个女人，她站着抬起眼睛，上有铭文"上帝之母"，但她并非此处主神。我们第一眼看到的是十字架，它一直在教堂真正的中心；圆顶和屋顶上空仿佛有基督的身影萦绕升腾，等待着在审判日归来。

我用表里不一这个词，并没有贬低的意思。在《建筑的七盏明灯》第二章第18节中，我提出了这一古老学派的非真实性应免于被指责，在这里我还须稍加补充。意大利的镶嵌风格对于一名北方建筑师来说，是不诚实的，因为他已经习惯于用坚硬的毛石建造，习惯于以外部看到的砖石作为其厚度的标准。但是，一旦他熟悉了镶嵌工艺，他就会发现南方的建筑师无意于欺骗。他会看到每一面大理石板都通过铆钉固定和联结，面层的接缝是如此清晰，契合内部材料的轮廓，以至于他没有权利像一个野蛮人那样抱怨说因为有生以来第一次看到穿盔甲的人，就该认为这个人是由坚固的钢铁制成的。他了解了骑士精神和习俗，了解了铠甲的用途，就不会指责骑士穿盔甲是一种不诚实的行为。

而这些圣马可建筑上的骑士精神及其法则和习俗，必须由我们来继承和发展。

首先，我们要考虑产生这一风格的自然环境。假设有一个国家，远离采石场，运送建筑材料的过程很危险；建筑师被迫完全用砖建造，或者以小吨位的船只从遥远的地区进口石料，这种运送方式大部分时候依赖于桨而不是帆的速度。无论是进口普通的石料还是珍贵的宝石，运输的劳动力和成本都同样巨大。因此，自然而然地，人们总是尽可能使每船货物都物有所值。与石头的珍贵程度成比例的是供给的限制；限制不仅仅体现于成本，还体现于材料本身的物理条件，许多大理石的尺寸如果超过一定大小，是很难仅仅用钱就能获得的。在这种情况下，为了减轻重量，人们尽可能进口有现成雕刻的石料；因此，如果商船把他们带到有古代建筑遗迹的地方，他们就会将可用的遗迹碎片运回家。在运回去的大理石中，一部分是由质量达数吨的珍贵大理石石料组成，一部分是由柱子、柱头和外国建筑的局部组成的，威尼斯岛上的建筑师必须尽可能地拼合出建筑。他可以选择把几块珍贵的大理石放在用砖砌筑的位置，或者从带雕刻的残部中切割出新的形式，以便在新建筑中遵守固定的比例；或者将彩色石料切割成薄片，使得其足以覆盖墙壁的整个表面，并采用不规则的建造方法，以方便自由嵌入雕塑的片段；与其让它们成为建筑的支撑物，不如以另一种方式展示它们内在的美。

一个只关心展示自己技能、不尊重他人作品的建筑师，肯定会选择把旧大理石凿得粉碎，以防止对自己的设计产生干扰。但是一个关心如何保护高贵建筑的建筑师，不管作品是他自己的还是别人的，他更看重作品本身的价值而不是他自己的名声，他会像圣马可大教堂的那些老建筑师们为我们做的那样，保护好手中的每一件古代建筑遗存。

但这些还不是影响威尼斯人采用这一建筑方法的唯一动机。在上述限制条件下，对于别国的建筑师来说，进口一船量珍贵的碧玉还是二十船量的白垩石材；造一座小教堂用斑岩装点和玛瑙铺地，还是用毛石建造一座巨大的教堂，可能都是个问题。这对于威尼斯建筑师而言，并不构成问题；他们本就是从各个古老辉煌的国家来的流放者，早就习惯于用建筑废墟来建造自己的家，这么做既出于对过去的敬畏也出于天然的情感：他们熟谙于把故旧的部分嵌入现代建筑中去，同时又在很大程度上受益于这样的方式，使得他们的城市如此灿烂。正是由于"现在"与"过去"的紧密结合，才使得他们的避难所有了家的感觉。这种建筑方法开始于一个最早由逃亡者组成的国家，逐渐被一个作为傲慢征服者的国家代替；在辉煌历史的纪念碑旁，竖立着重拾胜利的奖杯。战船带回家的战利品里包括大量大理石，比过去的商船多得多；圣马可大教堂的正面成了供奉各种战利品的圣地，而不是某种永恒的建筑法则或宗教情感的系统性表达。

　　然而，到目前为止，这座教堂风格的正当性取决于它建造时所处的特殊环境，以及它建造的特定位置。其建造方法所具有的优点，从抽象的角度来看，建立在更为普遍性的认知基础上。

　　在《建筑的七盏明灯》第五章第14节，读者会发现一些有名的当代建筑师的观点，如伍德先生认为圣马可大教堂最值得注意之处，"是它极端的丑陋"；这个观点类似于认为卡拉奇的作品较威尼斯画家的作品更为优越。① 这种观点也多少揭示了产生这种感觉的主要根源，也就是说，问题在于伍德先生对色彩没有任何感受力，他不喜欢色彩。对色彩的感知是一种天赋，就像能够感知音乐的耳朵一样，上天给予一个人这种能力，而未曾把这种能力给予另一个人；真正判断圣马可大教堂价值的第一个必要条件，就是感受到它完美的色彩，很少有人认真地思考了这一点。正是基于圣马可大教堂拥有一种完美的、不可改变的色彩的价值，这一建筑就该获得其应有的尊重；一个失聪者无法假装对一支管弦乐队的演奏发表判断，一个只受过形式构成训练的建筑师，同样无法假装能够辨别出圣马可大教堂的美。圣马可大教堂拥有色彩的非凡魅力，与东方大部分建筑和手工艺品一样。

---

① 卡拉奇是欧洲最早的美术学院——博洛尼亚美术学院的创始人，17、18 世纪学院派美术的倡导者。卡拉奇兄弟分别为路德维克·卡拉奇（Lodovico Carracci，1555—1619）、阿格斯提诺·卡拉奇（Agostino Carracci，1557—1602）、阿尼巴尔·卡拉齐（Annibale Carracci，1560—1609），阿尼巴尔·卡拉齐最为驰名。作品有《酒神巴库斯与阿里阿德涅》《美惠女神为维纳斯梳妆打扮》等。

但是，威尼斯人值得我们特别注意，因为他们是唯一完全在内心理解和同情东方民族的欧洲人。他们确实迫使君士坦丁堡的艺术家来设计圣马可大教堂的拱顶上的马赛克镶嵌部分，并搭配门廊的颜色；但他们以一种更阳刚的气质迅速学习和发展了希腊人的建造范式：当意大利北方的市民和男爵建造黑暗的街道，用橡木和砂岩垒起丑陋的城堡时，威尼斯的商人已经在用斑岩和黄金装点宫殿；最后，伟大的画家为威尼斯创造了一种比黄金或斑岩更为璀璨夺目的颜色，凝结为她最丰富的财富，这种颜色被挥霍于任凭海水拍打的墙壁上，潮水在里亚尔托桥下不停奔流，直到今天还可以在乔尔乔涅的壁画上看到这种绯红色。

因此，如果读者不喜欢色彩，我必须质疑他如何能够形成对圣马可大教堂的任何判断。但是，如果他既关心又热爱色彩，就请他记住，镶嵌建筑风格是唯一一个可以使得彩色装饰完美而永久的派别；把交给建筑师的每一片碧玉和雪花石膏都看作一块颜料，一一选取所需要的部分，打磨裁切后用来装点墙壁。一旦理解了这一点，并接受了这样的作品得以产生的条件，即建筑的主体结构是用砖砌成的，砖砌结构的强大身躯需要用光亮的大理石来覆盖，起到防御作用，正如动物的身体是由鳞片或皮肤来形成保护和起到装饰作用的，所有随之而来的结构适宜性和规律性将很容易被辨别出来：我将按照它们的自然顺序来陈述。

某些人认为圣马可大教堂的马赛克镶嵌细工，是一种对于其宗教历史的原始表达，对此我将另辟专篇继续研究，可是依然不能因此就认为圣马可大教堂的形式在宗教传教中是无效的形式。整个教会如同一本伟大的祈祷书；马赛克犹如它的明灯，普通人通过阅读马赛克镶嵌画学习圣经历史，这种方式也许更令人印象深刻，即便远不如我们现在通过阅读书籍更为清晰。当时的人们没有其他的圣经可以学习，而且对于新教徒而言不需要经常考虑这个问题，因为他们本就无法获得圣经。给穷人提供印刷版的圣经极为困难；想想看，当圣经只能以手稿的形式提供时，会有多么稀缺。因此，教堂的墙壁必然成为穷人的圣经，墙上的图画比一张书页更容易阅读。不能就此认为，伟大的国度在新生时期创造的圣经画面是原始的体现。我已经对来自现代的偏见让步太多，允许这些马赛克镶嵌画被认为是幼稚的彩色肖像：恰恰相反，它们具有高贵的特点，也绝不缺乏后来罗马帝国达到的科学成就。其表达非常优美，人物表情既严肃又安静，神态庄严，在单个人物或者无剧烈动作的群体画像里，人物的姿态和帷幔都以宏大的形式表现；偏好选用明亮的色彩，虽然缺乏明暗对比，总体而言也不能就认为它是不完美的，这是在远距离和黑暗中使图像对观者清晰可见的唯一方法。到目前为止，我毫不认为它们是原始的形式，我相信在所有的宗教艺术作品中，采用这样的方式是最为有效的。

　　但是在所有这些分支中，最重要的是12世纪和13世纪的镶嵌画，形成圣马可大教堂的核心部分。弥撒画由于尺寸较小，无法产生崇高的效果，通常出现于书页装饰之中。现代书籍的插图技术含量很低，几乎不值得一提。雕塑，虽然在某些地方变得非常重要，但是在建筑效果中减弱了作用；普通人很少能够辨认和破译，更不用说知晓彩绘玻璃煅烧退火的传统了。最后，蛋彩画和壁画通常尺寸有限、颜色暗淡。但是12、13世纪恢宏的马赛克镶嵌画覆盖了大教堂的墙壁和屋顶；其夺目色泽无法被忽视；它们的尺寸决定了宏伟感，距离决定了神秘性，色彩决定了魅力。它们不会被归入混乱或低劣的装饰之流；

不需要任何技术或科学的证据作为辅助手段，因为这样做反而会冲淡主题。在信徒每一次礼拜的间歇，巨型镶嵌画都会出现在他的眼前；巨大的阴影投射在他的面前，召唤他灵魂的共振。这个人从前还未接受过这样的宗教意象，直到今天，当他抬头看到圣徒苍白的面容和惊人的表现形式遍布于帕尔马和佛罗伦萨浸礼堂的晦暗屋顶时，他无法否认油然而生的敬畏感。当他看到从威尼斯和比萨的暗黄色穹顶上向下俯瞰的巨大使徒及上帝的形象时，他承认自己再也不能无动于衷。

# 第二部分　哥特时期

## 第一章　哥特式的本质

　　如果读者回顾第Ⅰ卷的第一章，会发现我们现在即将进入对威尼斯建筑的考察，威尼斯建筑是介于拜占庭式和哥特式建筑之间的产物；而考虑威尼斯建筑与哥特式之间的关系是更为合适的。为了辨别出每一步演化的趋势，一开始就提纲挈领是较为明智的。我们已经知道威尼斯在何时转换为拜占庭式风格，但是我们也该了解哥特式建筑的引入过程。因此，我将努力在这一章为读者提供一个既广泛又明确的概念，姑且称之为哥特式的本质；哥特式的本质不仅仅是指威尼斯，而是对应普遍的哥特建筑风格；这将是我们随后考察中有趣的部分之一，即找出威尼斯建筑在多大程度上达到了普遍的或完美的哥特类型，以及在多大程度上要么没有达到这一点，要么采取了其他舶来形式和地方形式。

　　这么研究带来的主要困难是因为一个事实，即哥特时期的任何一座建筑在许多方面都不同于其他建筑；有些哥特建筑包含的特征如果转而出现在其他建筑上，并不会被认为是哥特式的；因此，如果可以允许我这样表达的话，我们所要思考的是一座建筑究竟有多少哥特性。正是这种哥特性——这种在建筑中或多或少存在的特征，使它或多或少是哥特式的——我想定义其本质；一个解释红色的人会遇到同样的困难，比如说，如何定义红色？如果只有橙色和紫色，并没有红色实际存在，那么红色也就无法被定义。假设可以借助一朵石南花和一片干枯的橡树叶，可能可以说，橡树叶的黄色和石南花的蓝色混合在一起就会变成红色；然而，抽象的说明是很难被人们理解的：要使哥特式建筑的特征被抽象出来并被理解也同样困难，因为这种特性本身就是由许多混杂的思想组成的，也只能以组合的方式体现。也就是说，尖拱不构成哥特，拱形屋顶不构成哥特，飞扶壁不构成哥特，怪诞雕塑也不构成哥特，但是，所有这些元素结合到一起的时候却具有了哥特式的生命力。

从这里也可以观察出，我进行的定义工作，其实就是准确描述那些已经存在于读者脑海中的模糊想法。我们对哥特式这一术语的内涵都有一定的了解，大多数人的理解也比较明确，但是很多人对于这一术语虽有自己的理解却无法进行定义，也就是说，他们大致清楚威斯敏斯特大教堂是哥特式建筑，圣保罗大教堂不是哥特式建筑，斯特拉斯堡大教堂是哥特式建筑，圣彼得大教堂不是哥特式建筑。然而，他们对于什么是哥特式建筑的标志性特征并没有明确概念，不知道从何处判断一座建筑是否属于哥特风格。比如说，他们不知道怎样判断威斯敏斯特大教堂和斯特拉斯堡大教堂之间，哪一座才是更为精妙和纯正的哥特式建筑，更不用说对次一级的哥特式建筑作出评判了，比如圣詹姆斯官殿或者温莎城堡，这些建筑究竟含有多少哥特式元素，又缺少哪些哥特建筑的特征，这些问题均是超出其判断能力的。我认为对哥特式建筑的研究是极为有益的，也让人愉快；当我们在追寻遍布尖顶的哥特式建筑灰色形象身后的哥特精神，辨析这一精神与我们北方人心灵之间的关系时，必定会感到趣味盎然。在这一研究过程中，如果我的观点与读者原本的看法相悖，并以读者不大认同的方式使用了哥特式这一术语的话，那么请理解我的目的，并非迫使读者接受我的观点，而是希望读者跟随我的考察，逐步理解我的解释，因为这将牵涉到读者对于我后续写作用意上的把握。

我们需要对哥特式建筑的特征进行分析，如同化学家对矿石进行分析一样，矿石常常混杂着许多不同的物质，造成其成分并不纯净；但是，无论外观看起来如何复杂，就其本质而言却存在着一种明确而独立的特征。现在我们可以观察一下：化学家通过两种不同特征来定义矿物，一种是按照外观的不同，比如晶体的形式、硬度、光泽度等；另一种是按照内部的成分，分子构成的比例等。以类似的方式观察，可以发现哥特式建筑也存在外部形式和内部元素的区别。其元素包含建造者的精神气质，比如喜好怪诞、热爱变化、追求丰富等。外在表现为尖拱和拱顶屋面等。除非一座建筑同时具备内在元素和外在形式，否则就不能被称为哥特式的。如果没有哥特式建筑的内在精神力量和活力，仅仅依据外在形式的判断是不足的。如果没有哥特式建筑的外在形式，仅仅依据内在精神力量和活力判断也是不足的。我们需要逐个研究哥特式建筑的特征，首先解答什么是哥特式建筑的精神力量，其次解答什么是哥特式建筑的外在形式。

首先，是关于哥特式建筑的精神力量及其表达方式。要了解哥特式建筑工匠通过哪些建筑特征展现建造者的内在品格，并以此区别于其他时期的工匠。

让我们回到化学的角度再思考一下，可以注意到，用矿物的组成部分来定义一种矿物时，这些组成部分组合在一起构成了化合物，一般并不是其中单个部分独立构成，比如说，白垩并不是由碳、氧元素或者钙这三者中的某一种单独构成，而是三者以某种比例共同构成。在白垩中可以发现各组成部分以不同比例存在，而在碳或氧中却没有白垩这种物质，但它们是构成白垩不可缺少的组成部分。

形成哥特式建筑之灵魂的各种要素也是如此。并非由其中的某一种要素单独构成哥特式；而是它们结合在一起构成了哥特式。每一种要素虽然都可以在哥特式之外的建筑类型里找到，但是如果不包含这些要素，哥特式建筑也就不复存在，或者说至少缺失了哥特性。只有在这个时候，矿石的组成和建筑的风格问题并不完全可以类比。也就是说，如果我们从矿石中剔除一种元素，它的外形就随之改变，其存在的形式就会迥然不同，这块矿石也就不复存在，但是如果我们从哥特式建筑中去掉某一元素，只不过是去掉了一些哥特性，两三种要素的组合已经足以形成哥特风格，多加点要素就能使得这种风格更为浓郁，抽去几种则哥特式的气质随之稀薄。

我坚信，哥特式建筑的特征或者精神要素按其重要性可以分为以下几种：1）野蛮粗犷；2）变化多样；3）自然主义；4）奇异怪诞；5）坚硬羁直；6）重复冗余。

这些特征对应于建筑，可被归纳为：1）野蛮或粗粝；2）喜好变化；3）自然之爱；4）丰富的想象力；5）固执；6）慷慨。我要重申的是，即使缺少其中的一两种要素，也不会立刻破坏一座建筑的哥特式性格，但是如果把这些要素大量去除，就另当别论。下面将依次予以说明。

关于哥特式的本质，首先是"野蛮"。我不知道"哥特式"一词是何时被开始用于形容北方建筑的，但我认为，不管最初是什么时候开始用这个词，它都带有贬义，显示了这一建筑风格兴起国家的野蛮性格。这不意味着这种建筑一定带有哥特人的家族血统，也不意味着这种建筑一定是由哥特人自己发明的，却意味着哥特人及其建筑共同展示了一种威严和粗粝之感，与南方和东方国家形成了强烈对比，正如哥特人与罗马人首次相遇就会显示出根本性的差异。堕落的罗马建筑在极度奢侈的无能和罪恶的傲慢中成为文明欧洲效仿的典范。而在所谓的黑暗时代结束时，哥特式这个词带有毫不掩饰的轻蔑意味，夹杂厌恶之情。自这个世纪以来，经过古物研究者和建筑师的努力，哥特式建筑已经被充分地正名。很多人都极为欣赏它宏伟的结构，神圣的外观，并希望消除这一古老术语包含的贬义，有些人则极为赞誉其特定的作用。它，无可替代。从求取正确的理解来看，哥特式建筑一词不应带有贬义，更何况其意义还未被真正理解。它的身上还存在一种潜藏着的真相，人类的本能几乎不自觉地认识到了这一点。确实，北方建筑是粗鲁而狂野的，但是，这不意味着我们将就此谴责或者轻视哥特式建筑。恰恰相反：我坚信正是哥特式建筑的这些特征赢得了我们由衷的敬意。

由现代科学绘就的世界版图将大量知识凝于一隅，迄今为止我却从未见过一幅让人直观感受到南方国家与北方国家实体性差异的图示。我们或许知道细节上有所不同，但是我们无法拥有感受其整体特征的宽广视野。我们知道，龙胆草生长在阿尔卑斯山脉中，橄榄生长在亚平宁山脉里，但是我们不足以想象出，鸟类在迁徙的过程中看到地球表面上多彩的镶嵌图案，一路顺着西罗科风而来的鹳鸟和燕子看到龙胆草和橄榄之间显著的不同。让我们想象一下，当我们比它们飞行的高度还要再高一些时，俯视下面，就会发现地中海是一片形状不规则的湖泊，静静地躺在那里，所有历经时光变幻的海岬沐浴在阳光之中，不时有震怒的雷声和灰色的风暴在炙热的田野上移动，火山上方萦绕着一圈圈白色的烟雾，周围一圈灰烬。但是，在大多数时候，它们沐浴于宁静的光线下，叙利亚和希腊，意大利和西班牙，如同通向湛蓝海洋的黄金大道。当我们靠近时，可以看到连绵的山脉，梯田散发出柔和的光辉，花朵飘出浓烈的乳香，一簇簇月桂树、橘子树和棕榈树环绕其间，在灼热的大理石上投撒下灰绿的斑驳树影，斑岩暗礁倾斜着矗立于透明的沙砾之上。让我们继续北上吧，直到我们看到流光溢彩已经逐渐变为一道新绿，透过阴云的缝隙和小溪之上的薄雾，望见瑞士的牧场，法国满是白杨树的山谷，多瑙河畔，以及喀尔巴阡山脉幽暗的森林，低低地从卢瓦尔河和伏尔加河河口不断延伸。随后，继续往北，看见大地变为岩石密布的大片荒原，周边有暗紫色的宽阔田野和森林，北部海域零星散布着岛屿，承受暴风寒流的冲击且历经狂烈肆虐的潮水，山中溪谷的树已经被连根拔起，北风怒吼之中，山顶的树木只剩下光秃秃的枝丫。最后在极地的微光中，我们看到了如钢铁般坚硬的冰层。一旦我们在思想中穿越了地球上所有广阔实体区域的层次，我们可以更接近它，观察动物生命带的同步变化。众多敏捷而聪明的动物在空中和海上穿行，在南方的沙滩上狂奔，斑马和豹子，闪闪发光的蛇，还有那些身披紫色和红色羽毛的鸟群。让我们比较一下北方动物群落微妙而斑斓的色彩、敏捷的移动、强悍的力量、蓬乱的毛色，以及暗沉的羽毛有何不同，把阿拉伯马与谢德兰马进行比较，将虎豹与狼熊比较，将羚羊和驼鹿比较，将天堂鸟和鱼鹰比较。随后，我们就将理解地球上所有生物终其一生遵循的规律，不再对我们得以栖身于大地被赋予生命这一点嗤之以鼻。让我们怀着敬畏之心，看这个人将珍贵的玉石摆在一起，在碧玉做成的柱身上刻下浮雕，反射出无尽的光芒，直入云霄。让我们敬畏地旁观，目睹这个人用原始的力量和杂乱的击打，从旷野的岩石中开凿出粗糙的形象，在铁垛和土墙黑暗的影子中尽力挥舞，正如北方海洋本身那般桀骜不驯的生命想象。尽管造型笨拙，姿态僵硬，但充满了奔放的生命力，像狂风一样猛烈，也像阴云一样变幻莫测。

我想再次强调，现在，哥特式这个词汇没有任何轻蔑和不雅，只有高贵与庄严。倘若我们否认北方地区现存的建筑不具备这些必要的元素，或者否认这种野性的思想与粗糙的作品并非建筑被人类所渴望拥有的品质，那么我们就大错特错了。大教堂和阿尔卑斯山脉都有着群山一般的外观，它雄伟的力量在刺骨的寒风中，在遮天的迷雾里，在蔽日的冰雪中更加猛烈，人类在其中爆发出自强不息的精神。他们可能无法从大地获得足够的食物，无法在阳光下做白日梦，但他们必须为了生存去采石，为了取暖去伐木，当他们挥斧犁地，甚至在休憩时，都展现了他们身体和心灵上的坚强品质。

我不想被当作是在夸夸其谈。将操作机器者退化为机器的行为，比任何其他时代都更为邪恶，导致世界各地的大部分国家陷入徒劳的、断裂的、破坏性的争斗之中，以获得一种无法解释自身本性的自由。他们对财富和贵族阶层的普遍抗议，并不是来自饥荒的压力，也不是来自刺痛自尊的屈辱。这些性质的斗争贯穿了所有时代，而只有在今天，社会的基础才会这般摇摇欲坠。不是因为人们吃不饱，而是因为他们对赖以为生的工作感到毫无乐趣。因此，财富被视为享乐的唯一手段。人们不会因为上层阶级的蔑视而痛苦，而是他们无法忍受他们所从事的工作，实质上是有辱人格的劳动，让他们觉得自己活得并不像个人。上层阶级从来没有像今天这样同情过下层阶级，也没有像今天这样对他们表达过仁慈，然而他们也从未像今天这样被下层阶级所憎恨。因为在过去，贵族和穷人之间的藩篱只不过是法律构建的一道墙，而现在，却出现了名副其实的社会所处位置的差异，在人性领域，上层和下层之间形成了断崖，断崖底部充满瘟疫般的空气。

最近，我们对劳动分工这一伟大的文明产物做了大量的研究和完善工作，但是我们却给它起了个不正确的名字。说实在的，这不是分工，而是把人——分成仅仅是人的一部分——分成生活的小碎片和渣屑。一个人所剩下的智慧甚至不足以制造一枚别针或一枚钉子，而是在制造一枚别针或一枚钉子的一部分时就耗尽了自己。一天能制造出许多别针的确是件好事，但倘若我们能看清针尖是用何种水晶砂打磨的——而人类的灵魂之砂，却需要放大很多倍才能被我们看到——我们应该警醒，人们可能迷失了某些东西。

例如，玻璃珠完全没有必要被生产出来，它的生产过程也不包含任何设计或思想。首先把玻璃拉成棒状，然后人们用力将其切碎，再将碎片投进熔炉中磨圆。负责切碎的工人整天都只能待在工位上，他们的手不断挥动，玻璃珠便像冰雹一样掉落。不管是做棒状玻璃的工人还是打磨碎片的工人，都没有机会行使哪怕丝毫的人权，因此每一个购买玻璃珠的年轻女士，都相当于参与了奴隶贸易。

但是玻璃杯和器皿可能成为精美发明的主题。如果我们购买这些东西是为了发明，也就是说，为了美丽的形式，或者颜色，或者雕刻，而不仅仅是为了完成制作，我们就是在为人类做好事。

哥特式本质的第二点是"变化多样"。

下层工匠应当被允许按照自己的理解去建造，这是他们的责任，通过使建筑更具基督教色彩来提升建筑的高贵性。现在我们来思考一下，履行这一职责，使得建筑具有变化多样的特点，能够给我们带来什么回报。

无论工匠在哪里工作，如果他完全被奴役，那么他制作的建筑每一部分就会绝对相似，因为只有通过训练他只做一件事，而不给其他事做，他的执行力才能达到完美。通过观察建筑的各个部分是否相似，就可以了解工匠水平的高下。比如在希腊建筑中，所有柱头都相似，所有线脚都无变化，说明工匠毫无优点；如果某些部位的手法虽然相同，但设计的秩序截然不同，说明这些工匠颇有长处，正如埃及人和尼尼维特人的建筑中展现的；如果建筑的设计和展现手法变幻多样，就像哥特式建筑那样，就可以说工匠的劳作享有了充分的自由。

观赏者从工匠的自由劳作的作品中能获得什么，这一点在英国是备受怀疑的。几乎每个人心中强烈的本能之一就是对秩序的过度热爱，这种热爱使我们认为房屋窗户必须像马车一样成双成对。结果我们也就毫不怀疑地长久信奉这样的建筑理论，以为所有一切设计都要有固定不变的形式原则，禁止任何变化。我并不反对人们热爱秩序，它是英国人头脑中非常有用的元素之一，在商业和所有实际事务中大大帮助了我们，在许多情况下，秩序还是道德的基石。只是，不要假设对秩序的热爱就是对艺术的热爱。的确，从最高意义上说，秩序是艺术的必要构成之一，就像时间的流淌是音乐得以表达的基础一样，但是，我们对于秩序的热爱与我们对建筑或绘画的正确欣赏没有关系，如同欣赏歌剧与喜爱守时并没有关系。我担心的是，经验将告诉我们，在日常生活中，准确和有条理的习惯很少是那些快速感知或充分拥有艺术创造力的人常有的特征，然而，这两种天性之间并没有什么不协调的地方，既不妨碍我们保留做事的习惯，也不妨碍我们拥有欣赏高贵艺术创造作品的能力。实际上在除建筑之外的所有其他艺术分支中我们已经这样做了，只是没有在建筑中这样做，因为我们被教导这样做是错误的。我们的建筑师严肃地告诉我们，正如算术有四则运算，所以建筑就有五种柱式。我们简单化地认为这是有道理的，并相信他们。他们还告诉我们，科林斯柱头有一种恰当的形式，多立克有另一种，爱奥尼也如此。考虑到字母A、B、C也有各自合适的形式，我们认为这听起来也没有问题，于是接受了这一说法。正因为我们把建筑理解成一种柱式只有一种恰当的形式，对于不恰当的形式我们应该感到良心不安，我们接受了建筑师只提供一种恰当的形式，并配备合适的数量，我们无所不至地注意恪守固定的建筑法则，并说服自己，如此行事真可谓"恰如其分"。

但是，我们更深层的本性很难自我欺骗。我们对这样的建筑毫不觉得愉悦，它们总是跟任何一本"新"书或"新"照片里的建筑一模一样。我们或许要为它庞大的规模自豪，为它的正确无误沾沾自喜，为它的便于使用欣慰不已。我们还得对它的对称性和做工精良感到高兴，就像面对一个秩序井然的房间，或者一个技术高超的产品。于是乎，这构成了我们所能得到的全部乐趣。我们不能像阅读弥尔顿或但丁那样阅读一座建筑吗？我们不能从石头中获得像诗句中一样的快乐吗？或许这种想法从未进入我们的脑海。没有这样的想法似乎还有着充分的理由——诗句中确实有节奏，和建筑的对称或节奏一样严格，但诗句比建筑美一千倍，因为诗句除了节奏还有别的东西。诗句既不是仅仅为了追求秩序，也不是仅仅为了恰如其分，就如同建筑的柱头一样，因为诗句除了恰如其分之外，我们还渴求它提供另一种乐趣。

但是，要摆脱过去两个世纪以来我们所受的教育，并逐渐意识到一项简单而明晰的新真理，需要克服常识，付出巨大努力：真正伟大的艺术，无论是以文字、颜色还是石头来表达自己，都不会一遍又一遍地重复同样的事情；建筑艺术的价值，就像其他艺术一样，在于它不断表达了新的、不同的东西；在石头上重复自己正如同在书页上重复自己一样，从来就不是天才的特征；我们可以要求建筑师就像我们要求作家一样，不仅要正确，还要有趣，且不违反任何高尚的法则。

这一切本都是真实的，不言而喻的，但因为未被正确地教诲，于是，这些真理就像许多其他不证自明的事情一样，被隐藏起来了。真正伟大的艺术作品，它的产生是无法以固定的法则来传授的。就现状而言，建筑按照既定的规则工作，从现成的典范产生，于是现代的建筑不是一种艺术，而是一种制造而已。而且通过这两种操作，从菲迪亚斯那里复制柱头或线脚称自己为建筑师，要比从提香那里复制头部和手称自己为画家更不合理，因为这么做显然更容易。

让我们立刻理解这一点，建筑的变化多样对于人类心灵和大脑的必要性不亚于书籍。单调尽管偶尔有些用处，但绝非优点。我们无法期望从都是一个模式的装饰，都是一个比例的柱式中获得任何来自建筑的快乐和益处，就像我们无法从都是一种形状的云，都是一个尺寸的树木中获得来自自然的任何快乐和益处一样。

尽管不在口头上，在行动中我们却已经承认了这一点，十九世纪的人们在艺术中获得全部乐趣都是在绘画、雕塑、美丽的小物件或中世纪的建筑上获得的，我们称之为"如画"（picturesque）；在现代建筑的任何一处都找不到愉悦感，我们会发现所有真正有感知力的人都在极力逃离现代城市，追寻乡野的自然风光；因此，这个时代的强烈特征就是对于自然美景的真挚热爱。如果在所有其他事情上，会如同我们对待建筑一样，为了遵守既定的法则，愿意忍受我们不喜欢的东西，那可倒好了。

当我们研究文艺复兴建筑的时候，将发现被要求遵循低层次的原则：在这里需要注意到，作为哥特式本质的第二个重要因素，哥特式建筑所及之处，规则均被打破；这种建筑不仅变化丰富，还创造了新颖的形式。尖拱并不仅仅是圆拱的简单变种，而是基于它进行了不计其数的变化；圆拱的比例通常固定，尖拱则能产生无穷无尽的变化。束柱并非单个柱子的变化，而是以组合的方式形成无数的变异，其比例也随之大大丰富。窗花格的引入不仅是光线处理上的惊人发展，而且窗花格条本身的交错也带来无穷的变化。因此，哥特式建筑展示了对于丰富性的极致追求，并体现在所有的基督教建筑中。无论哥特式建筑如何延伸发展，都源于这一偏好的持续影响。人们采用哥特风格的倾向，应当出于以更强的不规则性和更丰富的变化取代原来的建筑形式。远在尖拱或任何其他可识别的哥特精神的外在标志出现之前，这种偏好就已经在历史上长久存在了。

然而，我们必须在此处仔细辨别对于变化多样的热爱是否健康。哥特式建筑是在追求变化多样的健康热爱中崛起的，而其毁灭的部分原因其实是对变化的病态热爱。为了清楚地理解这一点，我们应当从自然中学习何为单调，何为丰富；两者都有其价值，就如同黑暗与光明，互相依附存在。最让人愉悦的变化其实是在经过一段时间的单调之后出现的，正如同人眼在短暂闭合之后睁开，视野所及，一切变得更为明亮。

我相信单调与变化之间真正的关系，可以从音乐中观察到。我们会发现，单调的重复中包含变化所没有的崇高与雄伟。整个自然均是如此。大海的崇高在于其单调的重复；苍凉的荒原与山峦也是如此；运动状态下也是一样，在机械桨安静而单调的起伏间存在着崇高。黑暗中也有光明本身所没有的崇高。

同样地，经过了一定时间的流逝或超过一定程度后，单调重复就会变得无趣或让人无法忍受，音乐家不得不以若干方式打破它：要么当段落不断重复时，音符被不同程度地丰富化并保持协调；要么在一定数量的重复段落后，引入一个全新的段落。正是因为之前重复部分很长，这样做或多或少都很令人愉快。大自然，当然一直也在使用这两种手段。海浪，在总体上彼此相似，但在小的部分和曲线上没有绝对相同的两朵浪花，使用的是上述第一种突破单调重复的方法；被一块突出的岩石或一丛树木打破的单调大平原，使用的是上述第二种突破单调重复的方法。

更进一步地，为了欣赏两种单调重复下出现的变化，听着或观察者都需要一定程度的耐心。在第一种情况下，他必须耐心忍受大量声音或形式的重复出现，并在仔细观察和比较细节的变化中寻求满足。在第二种情况下，他必须耐心忍受一段时间的单调重复，以便更好地感受突然变化带来的新鲜感。即使最短的音乐段落也是按照这样的规律进行的。在更为庄严的重复单调下，所需要的耐心是如此巨大，以至于变成了一种痛苦——为即将到来的愉悦付出代价。

还是那句话，作曲家的才华不在于重复，而在于变化。他可能通过在某些地方或程度上的重复来加深感觉和品味的展露，也就是说，通过他的各种调适来体现这一点。但是，他的才华总是只在新的组合或创造中表现出来，而不是在自我重复中表现出来。

最后，如果变化过于频繁，它就不再令人愉快，因为不断地变化本身也意味着一种单调，我们将被驱使去寻求变化的极端和奇异的快乐。这就演变为对于变化的病态喜好。

从这些事实中，我们可以得出这样的结论，单调本身是让人痛苦的，正如黑暗一样；一座完全单调的建筑是黑暗的和死气沉沉的；对于那些热爱黑暗的人来说，可以评论"他们热爱的是黑暗而不是光明"。但在一定程度上，单调相对于变化而言具有特定价值，最重要的是，单调包含一种透明性，像一幅伟大画作里的阴影，包含各种对于形式的模糊暗示，通过它本身揭示建筑及其组成元素。在健康的心灵中，对于单调的忍耐就如同对于黑暗的忍耐一般：一个具有强健智力的人将欣赏暴风雨和黄昏显示的庄严，破碎和神秘闪烁其中，而不是仅仅停留于辉煌和光芒，然而轻浮的心灵却害怕暗影和风暴；伟大的人格将忍受命运的重重黑暗，以获得更高的力量感和幸福，鄙下的人则不愿意为此付出代价；优秀的头脑会以同样的方式接受甚至喜欢单调，对于智力不足的人来说，单调则是令人厌倦的，忍耐单调意味着耐力和怀揣希望，为享受变化带来的愉悦付出全部代价。高尚的天性本不喜欢单调，就像不喜欢黑暗或痛苦一样，但却能忍受它，并在忍耐中获得高度的愉悦，这就是在这个世界上如何获得幸福所必经的过程；而那些不愿意忍受单调的人，匆匆从一个变化奔向另一个变化，逐渐使变化这件事本身变得乏味，整个世界也陷入无法逃离的阴暗和倦怠。

如果理解变化多样在世界经济中的作用，我们就会立刻理解其在建筑中的使用和滥用。哥特式建筑的变化多样是健康而美丽的，在许多情况下未经仔细研究过，其形式结果不仅仅出自对变化本身的热爱，更多来自实际需要。从某一个角度来看，哥特式建筑不仅是最好的建筑，而且是唯一合理的建筑，因为它适应于所有的使用要求，无论是世俗的功能还是高尚的功能。屋顶的坡度、柱子的高度、拱门的宽度、平面的布置都不是预先给定的，它们可以被收缩成一个塔楼，或者扩展成一个大厅，绕出一部楼梯，或者升为一个尖顶，哥特式建筑有着永不衰竭的优雅和无穷无尽的能量。每当它发现改变形式或目的的机会时，它都能毫无损失地依然保持建筑的统一性和威严感——如此微妙而灵活，像一条暴烈的蛇，时刻注意着玩蛇人的口令。哥特工匠的主要优点是，他们从不盲目固守外部的对称性和一致性的要求，避免干扰建筑的真正用途和价值。如果他们想开一扇窗，就开一扇窗，想加一个房间，就加一个房间，想造一个扶壁，就造一个扶壁，完全不束缚于任何预先给定的外观惯例，他们知道（事实上也总是在发生），这种大胆的对于固定对称平面的变化，将带来崭新的进步。因此，在哥特式建筑的最佳时期，为了创造惊喜，一扇无用的窗户会在一个意想不到的地方打开，却不会为了保证对称性去掉一扇有用的窗户。每一部伟大作品的历任建筑师，都以自己的方式建造作品，完全不拘泥于他的前辈曾采用的风格。比如说，两座哥特式尖塔在一座哥特大教堂前方两侧升起，尽管保留了名义上的对称关系，其中一座几乎一定会与另一座不同，单座哥特式尖塔顶部的风格甚至还会与底部不同。

哥特式本质的第三点是"自然主义"。也就是说，哥特工匠是对自然事物本身的热爱，并努力而坦率地表现它们，不受艺术法则的束缚。

这种风格的特点在一定程度上与上面提到的内容也有必然的联

系。因为，一旦工匠被允许自由地表现各种主题，他就必须自己从周围的大自然中寻找素材，并努力表现他所看到的，根据他掌握的技能，依靠水平不一的精准调度，结合想象力，较少顾虑既定规则去设计。然而，西方人种和东方人种的想象力之间存在明显的差异，即使都在自由状态下，两者依然存在差异。西方人，或称哥特人，喜欢表现事实，东方人（阿拉伯人、波斯人和中国人）喜欢表现色彩和形式的和谐。每一种智力上的倾向都因其固有特征，出现形式的滥用问题。我经常谈论这些问题，在这里必须再次简要地解释一下；"自然主义"被部分地理解为是含有某些贬损之意的术语，而关于艺术和自然之间真正关系的讨论在今天欧洲的所有艺术学派中都显得如此之混乱，以至于在这些谬误之中，不能清楚地阐述出任何一个完整的真理，除非与其发生真正的联系。读者要是能容忍我继续进入关于该主题的分析，整体性的指导才有可能真正展开。

首先，我要说的是，哥特工匠这一群体是有能力结合事实与设计的关键，但是哥特式建筑中存在着更特别的东西，那就是属于他们自己的部分——真实性。哥特工匠的艺术创造力或调度适应上的能力，并不比罗马建筑和拜占庭建筑的建造者更强，但是哥特工匠却从他们那里学到了设计的原则，并从他们那里获得了可以效仿的典范。除了学习拜占庭建筑的装饰和丰富的想象力之外，哥特式建筑还获得了一种在南方从未有过的对于事实的热爱。希腊人和罗马人都在装饰中使用传统形式的叶子，把它们转变成一种根本不再是叶子的形状，打结扭曲成奇怪的蓓蕾或团簇，从没有生命的杆上而不是茎上生长出来。哥特工匠接受了这些类型。首先，作为理所应当的东西被接受，就像我们学习任何二手知识一样，但是，他未停留于此。他认为这些卷叶缺少真实性，缺少知识，也缺少活力。于是他开始做他想做的事，他更喜欢真正的树叶。小心翼翼地，一点一点地，他就这样把更多的、真实的自然投入作品中，直到最后一切都是真实的了，但仍然保留了最初精妙设计形式的珍贵特征。

　　哥特工匠不仅仅是通过外部可见的事物来表现现实的世界，他也非常坚持地发挥想象力。也就是说，当罗马人和拜占庭人使用象征手法表现精神的时候，哥特人已经将其推向了辉煌灿烂的极致。比如说，在托切罗岛（罗马式）的镶嵌精工作品中，炼狱之火被描绘为红色的溪流。这一溪流纵向条状排布，像一缕缕丝带从基督的宝座下蔓延开来，逐渐膨胀扩张，包围邪恶的一切。我们要是被告知其象征意味，便会明白这一表现方式的深意。但是，哥特工匠的艺术作品不需要这般额外的语言说明才能被人理解，因为作品在没有被人解释的情况下就已经直接呈现了意义本身。工匠会将炼狱之火直接设计为真实的火的形状。在鲁昂的圣马克卢教堂的门廊里，工匠雕刻的火焰形象从冥府的大门中迸发出来，在壁龛的空隙中闪烁着石制的火舌，栩栩如生，仿佛教堂真的着火了。这是一个颇为极端的例子，但更能说明两个艺术流派在气质和精神上的截然不同，哥特式建筑在此影响下也极为热爱真实。

　　其次，如果把艺术创造者分为纯粹主义者、自然主义者和感觉主义者，那么哥特式建筑属于自然主义者的作品。这种艺术的气质必然导致对真理的极度热爱，超越审美本身，以各种基于真实的描绘为乐，力求表现人类面貌和肢体的一切特征，就像表现树叶的复杂多样和树枝的粗糙质感一样。在前述哥特式建筑的第一个特征"粗糙"里，可以看到同样的基督教式的谦逊精神。工匠承认作品瑕疵的谦虚态度，使得这位自然主义者的肖像由于承认自身的不完美而变得更加现实和丰盈。希腊雕塑家既不愿意承认自己的软弱，也不愿意承认所描绘对象的形式缺陷。基督教工匠却坚信，所有的一切事物都有自身的价值，因此坦承自己的两种状态，既不试图掩饰自己粗糙的做工，也不掩饰表达主题上的粗糙。然而，这种坦诚在很大程度上与宗教更深层次的情感融合在一起，尤其是慈爱之情。于是在最为卓越的哥特雕塑中，存在那一种追求纯正的意图。结果，它通常达到了尊严的形式和表现的细腻，又从来不会失去所肖之物的真实性。他们从不把国王神化，也不把圣徒描绘为天使，而是把国王的尊严和圣徒的神性充分地加以展示，即便混合了某些错误的细节。在很大程度上，哥特式建筑包含的其实是一种如同圣经历史本身一样不动情的记录态度，它以始终如一的稳定性，记录下所有人的美德和错误，邀请读者形成自己的判断，而非盲目地按照历史学家的指示去做。这种真实感是由哥特雕塑家对细节和整体的追求，以及对所有对象一视同仁地描绘才获得的。他们避免把自己的艺术局限于圣徒和国王的肖像，引入我们最熟悉的场景和最简单的主题。哥特雕塑家借用日常生活中最常见的事件，以生动和奇异的方式来填充圣经历史的巨大布景，充分利用每一个机会，将熟悉的事物或作为一个符号或作为一个场景进行处理。在哥特工匠眼中，所有熟悉的日常事物都是可以被引入作品加以表现的。因此，哥特雕塑和绘画中，不仅充满了最伟大人物的珍贵肖像，而且记录了哥特式建筑繁荣时期的家庭生活和世俗艺术。

然而，哥特工匠的自然主义有一种特殊表现的方向，这一方向比自然主义本身更能揭示流派本身的特点。我的意思是指他们对植物形态的喜爱。在描绘日常生活的时候，埃及和尼尼维特建筑的雕塑与哥特式建筑的雕塑一样繁多。从举国欢庆的场面到人们庆祝战斗胜利，再到最为琐碎的家庭生活和娱乐场景，工匠都以如表达戏剧熙攘场面般的强烈兴趣，将雕塑塞满花岗岩的所有空白之处。早期的伦巴第和罗马雕塑同样大量表现了战争和角逐的场面。但是这些场景中的植物只是以一种附属物出现，描绘芦苇来标记河道，描绘树木来标记野兽的隐蔽处或敌人的伏击位置，他们对植物的形式并没有特别的兴趣，也不足以使植物本身成为精确描绘的独立对象。同样，在那些完全遵循设计艺术规则的国家中，植物的形式也是极为贫乏和概略性的，它们真正的复杂性和旺盛的生命力既未被欣赏，也未被表达。但是，对于哥特工匠而言，一片活的树叶成了承载强烈情感的母题。哥特工匠尽力用与设计手法和材料性质相一致的精准度来呈现其特征，在他无与伦比的热情之中，描绘完一片，又描绘下一片。

　　哥特式建筑存在着一种特殊的意义，比过往建筑学展现出更高层级的文明和更典雅的气质。野蛮和热爱变化是哥特式建筑的首要元素，也是所有强健风格共同具有的特征。但还有一种更为柔和敏感的元素与它们混合在一起，这是哥特式建筑本身所特有的。在对人类形体的处理中，即使无情地暴露了哥特式建筑的粗糙和无知，其缺陷仍然没有大到阻止他们对路边野草的成功描摹。对于变化的热爱，随着猎人的仓皇和战士的愤怒，变得病态和狂热，而当哥特工匠注视卷叶的蜿蜒和花朵的含苞待放时，心灵立刻得到了抚慰和平静。这还不是全部，精神兴趣的新方向标志着生活方式和习惯上的变化。那些以角逐为核心，以战斗为目标，以宴饮为乐趣的国家，不会注意到树叶和花朵的形状。木头在他们眼中，除了象征着可以制造最坚硬的矛、最结实的屋顶、用于燃起熊熊火焰之外，并不意味着它们身后那片森林里大树本身的形状。对植物优雅感和外在特征的深情观察是一个更加宁静和温和的精神标志，这一点确凿无疑。哥特式建筑引领的精神因大地的回馈吸收了营养，并因大地之壮丽而获得精神上的愉悦。设计的特征体现在细致的物种区分上，组织方式细腻而又丰富，这里包含的历史是源于乡村生活和深思熟虑的历史，受传统的追求柔和感的影响，致力于微妙的考察。工匠手中凿子的每一道笔触都勾画出花瓣的轮廓或描绘出树枝生长的形态，这预示着整个自然科学的发展，医学和文艺复兴带来的进步，以及真正的国民智慧和国家和平原则的建立。

哥特式本质的第四点是"怪诞"。不过直到我们有机会谈到文艺复兴其中一个流派带来的病态影响时，我才能比较好地定义这一点。在这里深究它是不太必要的，因为每个熟悉哥特式建筑的读者都会理解我的意思。读者会毫不犹豫地承认这一点，同时，喜欢怪异幻想和崇高形象亦几乎是哥特式建筑的普遍天性。

哥特式本质的第五点是"坚硬羁直"，关于这一特点，我必须努力而仔细地定义，因为无论是以我曾经用过的词，还是以我能想到的任何其他词，都不能特别准确地表达出它的意思。我的意思是，这一特点不仅仅意味着稳定，而且还是一种生机勃勃的羁直，这种奇特的能量赋予行动一种紧张感，赋予顽抗一种坚硬感，因此哥特式建筑才会出现猛烈的闪电劈裂和粗壮的橡树枝折角，而不是弯曲的图形，这种相似的能量冲撞在长矛的颤动和冰柱的闪烁中同样可见。

我曾提及这种能量被凝固于某些形式，但对此还须仔细地予以考虑，因为它在整个哥特式建筑的结构和装饰中都有体现。埃及和希腊的建筑，在很大程度上依靠自身的重量和体积来体现自身的能量，一块石头被动地压在另一块石头上形成支撑体。但在哥特式建筑的拱券和窗花格中，出现了一种类似于四肢骨骼或树状纤维的挺直状态，荷载从一个部分到另一个部分的传递，细腻的表达贯穿于建筑的每一条可见的线条。希腊和埃及的情况很相似，其装饰要么仅仅是某种限于表面的雕刻，仿佛墙面刻上了封印，要么装饰线条流畅、轻盈而华丽。在这两种情况下，装饰本身都不存在对力量的表达。但是，哥特式建筑的装饰则有显著的不同，冷若冰霜之坚韧，在高处凝结成尖顶，时而向天空高耸变成鬼怪，时而如植物发芽开出了花朵，时而扭劲成交错的树枝，时而多刺招展着迎风矗立，时而卷曲成各种形式的缤纷。但是，即使是在它最为优雅的某个时刻，也不曾有一瞬间倦怠，哥特式建筑总是在急速地变化着，形同巫幻。

赋予建筑作品以性格的哥特工匠的感情和习惯，恐怕比任何其他雕塑都要复杂和多样。首先，这些工匠有艰苦高效劳作的习惯。北方部落的工业在寒冷的气候中加速发展，他们所做的一切都表现出强烈的能量，与南方部族的慵懒相反，尽管这种慵懒之后也存有燃烧的热情，正如同岩浆也以慵懒的方式流动。其次，他们还有一种试图在寒冷的自然迹象中寻找乐趣的习惯，我相信在阿尔卑斯山以南国家的居民中不会存在这种习惯，寒冷对他们来说是一种不可饶恕的邪恶，他们要缩短忍受的过程并迅速忘却这种悲惨体验。但是北方漫长的冬天迫使哥特人（我指的是英国人、法国人、丹麦人或德国人）为了依然追求幸福的生活，无论在恶劣的天气和晴朗的日子里都要寻找到能够产生幸福感的源泉，无论在光秃秃的森林还是阴凉的树荫下都要想法子自得其乐。这就是我们需要全心全意做的事。我们在圣诞节的篝火旁和在夏日的阳光下的满足感几乎相同，在冬天的冰原上以及春天的草地上一样能获得生机和力量。因此，即使寒冷导致某些植物坚硬僵化，我们的感情也不该受到任何不利或痛苦的影响。我们不能像南方的雕塑家那样，只寻求表达在所有柔情蜜意滋养之下叶子的柔软，用温暖的和风和闪耀的光芒表现繁茂的景象，我们需要在描绘植物的乖戾、倔强和阴郁的生机中找到快乐，这些植物可从未领略过大自然的善意。反之，一季又一季，它们不断被风霜逼压着，那些最为美丽的嫩芽被雪掩埋了，最为粗壮的枝条则被暴风雨削断了。

有许许多多微妙的情感，在某些主题被引入哥特式建筑的时候融合了进来。让我们进一步看看其影响，由于需要使用粗糙材料，迫使哥特工匠寻求充满活力的表现，而不追求纹理的精致或形式的精确。对于北方和南方艺术理念的差异，我们有很多较为直接的解释，但是，有一些间接的解释倾向于从理解哥特人的心灵出发，尽管心灵的特征对设计的影响并不那么直接。意志坚强，性格独立，目标明确，对过度控制的不耐烦，把个人主动性凌驾于权威之上的普遍偏好，以及行动力超越于命运之上的诸多倾向，都或多或少地可以在哥特式建筑凌厉的线条、大胆独立的北方装饰里展现出来，在北方部落中，这种倾向自始至终都反对懒惰与顺从，在南方部落中，思想顺从于传统，目的屈从于命运。而在南方装饰处理上常见的柔和波涛和河岸题材，也能体会到与哥特式建筑相反的感觉。这种装饰逐渐失去其独立性，并融入它所依附的体块表面。在常见的装饰表达和体块布置上，让人感受到一种屈从于宿命，放弃抗争和倦怠的静谧。

在最后，恐怕组成哥特式建筑这一高贵风格的要素里，最不重要的一点就是"重复冗余"，即由不计其数的劳作带来的财富。的确，在哥特式建筑的鼎盛时期，大部分建筑上都无法追踪到这一点，建筑的艺术效果几乎完全取决于设计本身的单纯和比例上的优雅，然而，最富有性格的建筑其艺术效果的达成往往取决于装饰的累积，许多风格也正是依靠这一方式形成了自身的影响力。虽然，通过对哥特式这一流派的仔细研究，有可能产生一种品味，这种品味思考得当的完美线条，而不是将整个立面覆盖上装饰纹样。问题似乎是，建筑只满足这样一种品味，也未见得便是最优秀的建筑。正如我们所看到的，关于哥特式建筑的第一点就是，它既要包容最粗鲁的人，也要吸引最优雅的人，作品的丰富性正如其矛盾的表现方式，持续诉说着谦卑。没有什么建筑比简洁的建筑更高傲，除了使用若干清晰有力的线条之外，拒绝正视眼睛要去"看"的需要。这意味着，它很少顾及人们的需要，却暗示人们它提供的已有一切都是完美的。这种特征相当复杂，具有迷惑性，却不屑于考虑是否中断了我们的观察，也无意于让人获得愉悦。与此对立的是，谦逊是哥特式建筑的生命力所在，这种谦逊不仅表现在承认不完美，也表现在允许装饰的重复冗余。工匠的不足常常同时表现在其作品的丰富性和粗糙性上。如果我们接纳每一双手的劳动和每一颗心的情感，我们就必须允许多余的东西，重复冗余将掩盖不足和失败，并且赢得那些疏忽于此之人的注意。在哥特工匠的心中，还有更高尚的志趣，它与热爱堆积装饰的喜好混合在一起：这是一种高昂向上的热情，即使人类枉费心机永远不能达到最终理想；这也是一种无私的牺牲，宁愿把没有结果的劳动呈递在祭坛之前，也不愿闲坐于集市上无所事事；最后，这也是一种对丰富物质世界的深切同情，这种感情正如我们所努力定义的，产生于自然主义。雕塑家在树叶中寻找喜爱的形式，他深刻地感觉到复杂不能以失去优雅为代价，丰富也不能以失去宁静为代价。他花在研究自然和劳作上的每一寸光阴，都使他更强烈地感到，即使是人类最为精美之物，相对于自然而言依然显得贫瘠。其实这也并不奇怪，当人看到大自然完美精巧的作品大量涌现，包含无穷尽的新颖构思时，他应该会认为，自己真的毫无必要在大自然面前隐藏其工艺的粗糙。在那里，他看到整个宇宙具有一种无可挑剔的美，尽情展现在错综延伸的田野和树木繁茂的山峰之上，无边无际，他得到治愈了。于是他以毫不能称作完美的劳作，出于居住或纪念的需要，在一块石头上堆砌另一块石头。在他的使命完成之前，他的生命已经缓缓逝去了，但是新的一代人以不懈的热情继承这一伟业，使得大教堂的正面最终布满窗花格，如同丛林中的岩石，也如同春天的牧草，一派美丽的自然景象。

我相信，我们已经得出了构成哥特式建筑内在精神的各种道德的抑或是想象的要素。接下来，需要定义它的外部形式。

哥特精神是由许多要素组成的，以个别建筑为实例，其包含的元素并不完整，外部形式还由许许多多次要的形式条件组成，在这些实例上，形式可能并未获得充分的发展。

因此，不能就形式去判断一座建筑是否是哥特式的，也不能就精神去判断一座建筑是否是哥特式的。只能说，一座建筑或多或少带有哥特式建筑的特点，其程度与它融入的哥特形式的数量成正比。

最近出现一种倾向，人们试图通过巧妙的努力将哥特式建筑的形式定义建立在拱屋顶的基础上，这是一种被动又徒劳的努力。因为世界上大量卓越的哥特式建筑的屋顶是木结构的，木结构屋顶与建筑墙壁主体结构的联系，并不比一顶帽子与它所保护的头部之间的联系更紧密。在这种情况下，哥特式建筑仅仅意味着空间的围合，如形成壁垒和墙壁，或形成花园和回廊围墙，根本没有我们通常理解中的那种拱屋顶。但是，每一个对建筑稍有涉猎的读者都知道一种流行的观点，其推断和定义来自古老的传统。也就是说，在一根柱子到另一根柱子之间，如果使用平过梁，那就是希腊式的，如果使用圆拱，那就是诺曼式或罗马式的，如果使用尖拱，那就是哥特式的。

就其本身而言，这一旧观念完全正确，且永远不会被超越。在所有哥特式建筑中，最引人注目的外部特征就是尖拱，就像在罗马建筑中，最为突出的特征就是圆拱。即便欧洲所有大教堂的屋顶都被拆掉，这种区别依然明显。然而，如果我们仔细研究"屋顶"一词的真正潜力和含义，我们也许能够在关于哥特式建筑的新定义中，继续保留古老的传统思想，这也将逐步引出在建筑中真正使得屋顶成立的形式是什么。

在第 I 卷中，屋顶被分为两部分。一部分是屋顶，也就是在内部可以看到的骨架、拱顶或天花板，从内部可见。一部分是屋面，保护屋顶不受天气影响。在某些建筑中，两大部分被统一于整个系统中。但是，在大多数情况下，这两部分或多或少是相互独立的，在几乎所有的哥特式建筑中，这两者彼此有相当大的间隔。

如前所述，由于房间使用性质的要求，或受制于手头的材料，屋顶本身可能是平顶的、拱顶的或圆顶的，而在建筑物的墙体部位采用尖拱。但从哥特这个词各个方面包含的严格意义上看，单就屋顶而言，不管是石造屋顶还是木造屋顶，除非以尖拱为主要形式，它才是哥特式建筑。

首先，我要说的是，"哥特式建筑就是在屋顶部分使用尖拱顶的建筑"。这是我们定义的第一步。

其次，虽然建筑的屋顶可能有许多可取的形式，但在寒冷的国家里，暴露在雨雪侵袭之中的屋顶只有一种可取的形式，那就是三角屋顶，因为只有这种形式才能尽可能快地将雨雪排出去。雪会堆积于圆屋顶上，但不会堆积于三角屋顶之上。因此，就屋顶而言，三角屋顶于北方建筑是一个远比尖拱顶更为重要的特征，因为，这是一个完全出于必要性的样式，而尖拱顶通常是在延续另一种优雅的惯例。三角屋顶的形式出现于每一座住宅和每一座小屋的木结构屋顶上，它们不使用拱屋顶，而建在多边形或圆形平面上的屋顶，实际上是塔楼和钟楼的起源，被称作哥特式建筑之物的演变都来自如上的发展。因此，我们必须在定义中再增加另一条，也将是迄今为止最重要的一条："哥特式建筑使用尖拱顶作为屋顶内部结构，屋面则使用三角屋顶"。

如果读者回顾一下前文，会发现我小心翼翼地扩展了屋顶的定义，相较于通常的理解，我的定义包括了更多的内容。屋顶是一处空间的覆盖物，其规模或窄或宽。就起到遮蔽作用这一本质而言，屋顶能覆盖的范围到底是两英尺宽还是十英尺宽，一点都不重要。即使在某一种情况下我们称之为拱，在另一种情况下我们称之为屋顶，都不涉及关键。真正需要考虑的是遮蔽本身的方式，而不是规模。我们称桥洞为拱，因为相对于从其下方穿过的河流而言，桥洞是狭窄的，但是，如果它建在地面上，并且出现在高于我们的头顶上方，就该称它为拱顶了，因为在这个时候，我们能感受到它的宽度。所以，形成区分屋顶和拱的真正关键是曲线本身的性质，而不是空间上的跨度。这一点对于哥特式建筑而言特别重要，因为，在绝大多数情况下，屋面的形式完全取决于屋顶内部结构。外壳以各种各样的斜度砌筑，肉眼很难从外部观察来直接确定其内部的结构形式，而所有外部特征却都是由内部骨架的曲线确定的。

　　让我们接着考虑一下哥特式建筑的定义，小跨度的拱，窗花格，再加上大跨度的屋顶，可以得到一个近乎完美的定义。从我们所知的事实来看，优秀的哥特式建筑都会将基本要素以多种方式大规模、成组地发展，下方的尖拱用于承重，上方的山墙则形成保护。从大教堂庞大的灰色页岩屋顶，到下方尖拱的有机形式，到略微呈皇冠形状的尖顶，再到点缀在门廊的微型壁龛，共同显示着哥特式建筑规律性的总体法则。支撑和装饰的方式虽无限多样，但在所有优秀的哥特式建筑中，建筑的真正特征取决于尖拱上方的三角线（图19），这一线形可以无穷变化。图20代表这类处理手法的三个特征对应的例子：a. 维罗纳的坟墓（1328年）；b. 阿比维尔的一个侧廊；c. 鲁昂大教堂西立面的一处最高点。我认为，这些作品都是15世纪早期的作品。纯粹的早期英国哥特式建筑和法国哥特式建筑的形式是众所周知的，不须赘述，对于选择这些罕见例子的理由，我会很快加以解释。

　　让我们试试看，能否用哥特式建筑的线条形成世界上其他优秀的建筑。正如本书第

图 19　哥特式建筑尖拱上方的三角线示意

a

b

c

图 20　哥特式建筑尖拱及上方三角线的形式变化

I 卷所述，如果读者允许我提醒他们何为尖拱的本质，就能容易地进行如下尝试。哥特式建筑就其特征而言，可被称为"弯曲的三角梁架"，因为严格地说，"拱"并不能"变尖"，所谓的"尖拱"应该被认为是一种特殊的三角梁架，它的外缘构架是弯曲的，承受来自外部的压力。柱子之间只有三种连接方式，由图21中的A、B和C表示：A. 平过梁；B. 圆拱；C. 三角梁架。除了这三种方式之外，任何建筑师都不可能发明第四种。他们可以改变拱的曲度，弯曲三角梁架的外缘构架或打断曲线，但是也仅仅是就这三种基本形式进行调整而已。

世界上只存在三类优秀的建筑，未来也将不再增加，这三类建筑与其空间覆盖方式直接对应，且源于建筑的原始功能。这三类建筑以单纯而简洁的方式体现屋顶的搭接方式。根据建筑规模、装饰方式、民族特性的不同，这些建筑有许多有趣的变形。但各类变形最终可以回归到这三类建筑：A. 希腊式：平过梁建筑；B. 罗马式：圆拱（拱梁）建筑；C. 哥特式：三角梁架（人字梁）建筑。

如果以更广的视角来看，希腊式、罗马式、哥特式这三个名称并不准确，因为对应的建筑形式受到国别的限制。但就建筑本身而言，这种分类是合适的，因为这三个国家的建筑师将这三类建筑推向极致。现在可以简要地说明其演变。

图 21　柱子之间三种基本的连接方式

A. 希腊式：平过梁建筑。这种建筑是三类建筑中最低级别的。从石造结构上看，其建造技术则属于粗糙的水平。这一类型中最简单的例子是巨石阵；最精美的例子是帕提农神庙；最高贵的类型是卡纳克神庙。

在埃及人手中，建筑是崇高的，在希腊人手中，建筑是纯洁的，在罗马人手中，建筑是华丽的，在文艺复兴建造者手中，建筑是娇弱的。

B. 罗马式：圆拱建筑。直到基督教时期，这种建筑才得以发展。建筑分为两个分支，东方式和西方式，或者称为拜占庭式和伦巴第式。随着时间的推移，分支互相之间有所影响，演变为阿拉伯哥特式和条顿哥特式建筑。这种建筑里最为完美的伦巴第式的例子，是比萨主教堂，拜占庭式的例子则是威尼斯圣马可大教堂。建筑的最高荣耀在于保持纯洁。在同样高贵的另一种建筑产生后，这种类型就消亡了。

C. 哥特式：三角梁架建筑。这种建筑是罗马风建筑的衍生，如同罗马风建筑一样，分为两个分支，西方式和东方式，或者纯净哥特式和阿拉伯哥特式。其中，后者被称为哥特式，是因为它有许多哥特形式要素，比如尖券、尖拱屋顶等，但是其精神内在是拜占庭式的，尤其是屋顶外部形式上。我们接下来会继续探讨这三类建筑的典型形式。

可以看出，迄今为止我们所陈述的区别，取决于从一根柱子到另一根柱子之间石料搭接的形式。也就是说，考察构成屋顶最为单纯的形态。通过研究这些形态与屋顶外部形式的关系，我们就能将建筑进行分类，找到其对应的完美形式。

在希腊建筑、西方罗马风建筑和西方哥特式建筑中，屋顶使用三角屋架的形式；在东方罗马风和东方哥特式建筑中，屋顶使用圆顶的形式。我尚未研究过后两类建筑的屋顶，因此无法以图示进行概括。但是前三类建筑，基本可以按照如图22来研究：a代表希腊建筑，b代表西方罗马风建筑，c代表西方哥特式或真正的哥特式建筑。

首先能观察到的是，希腊建筑的屋顶与构架组成山花，是雕塑装饰的重点部位，也是最引人注目的神庙特征。这些线条之间的关系，在希腊建筑和哥特式建筑中都十分重要。

其次，读者一定能够观察出罗马风建筑的山墙和哥特式建筑的山墙在陡峭程度上的差异。这并非一项无关紧要的区别，也不是一项悬而未决的区别。罗马风建筑的山墙其坡度并不会变得更加陡峭，就在于它与哥特式建筑在本质上存有很大的差异。所有南方建筑的整体效果都依赖于平缓的不陡峭的山墙面，所有北方建筑的整体效果都依赖于极为陡峭的山墙面。在此，没有必要去详述，诸如意大利的村庄建筑或者高塔的平缓三角屋架，它们和北方的陡峭三角屋架之间存有什么区别，它们已经在比利时获得了最为令人称妙的发展。但是，依然有必要阐述哥特式山墙得以区别于罗马风山墙的基本原则，即哥特

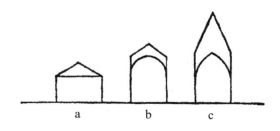

图 22  三角屋架对应的建筑形式示意

式山墙的顶部角都是锐角，罗
马式山墙的顶部角都是钝角。
或者，我在这里提供给读者一
个简单实用的方法，我们可以
任意绘制一个三角形如a或b代
表山墙，按图23所示，并以其
底线为直径画一个半圆。如果
山墙的顶角高于半圆，如图b
所示，那么它是哥特式山墙；
如果山墙的顶角低于半圆，如

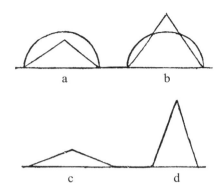

图 23　山墙顶角形式变化示意

图a所示，那么它是罗马风山墙。各组最具有代表性的形式正是那些
明显更为陡峭或明显更为平缓的山墙。c可能是罗马风坡度的平均状
态，d可能是哥特式坡度的平均状态。

　　按照形式在主要线条上显示的特征，我们确定了哥特式建筑与
世界上其他建筑的区别和联系。但是，仍然需要再把一个词添加到
对哥特式建筑的定义中，关于装饰。装饰本身也是从建筑的具体建
造中自然产生的。我们已经看到，哥特式建筑形式的首要条件是尖
拱。因此，当哥特式建筑力求艺术之完美时，尖拱将以最为极致的
方式建造。

　　如果读者回头看看第 I 卷，将发现我们对尖拱的石工主题有过详
细讨论，并得出了结论。在所有可能的尖拱形式中（前提是一定重量
的建造材料），如图24的e所示是一种最结实的形式。事实上，读者
很快会发现，尖拱受力的薄弱点是侧翼，只要在侧翼增大厚度，就消
除了尖拱被作用力压断的危险。或者，还可以更简单地说：假设如a

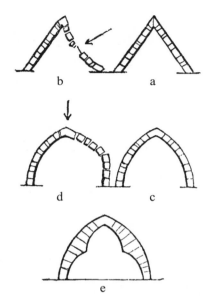

图 24 尖拱受力情况示意

所示的山墙以石头砌筑，如b所示，当拱在箭头处受到外部压力时，就会发生向内塌陷。为了防止这种情况出现，我们可以把它设计成尖拱，如c所示，这样就不会向内塌陷，但如果改为从上方施加压力，它可能会如d所示向外崩坏。故而最终，我们选择如e所示进行建造，保证结构既不会外崩也不会内塌。

如上所述，我们获得了一种新的拱形，两边出现尖顶的突出部位，让心灵感到愉悦，因为这种形式表达了给定材料与质量下所能获得的最大支撑力和稳定性。但是，尖顶最初的发明，并不是通过推理过程产生的，也没有参考构造定律。它仅仅是卷叶装饰体系在拱上的特殊应用；适应卷叶形态的运用，本身也是哥特自然主义的主要特征。对卷叶装饰的热爱，就其强度而言，与哥特式建筑精神力量的发展是完全相称的：在南部哥特式建筑中，最受喜爱的是柔软形态的叶饰；在北方则代之以多刺的叶饰。如果我们拿起任何一本伟大哥特时代的北方泥金装饰手抄本，我们就会发现它的每一处叶饰都以金碧辉煌的多刺叶簇围绕而成。

因此，卷叶装饰体系无论是以简单的形态出现在例如尖拱的部位，还是以复杂的形态出现在例如窗花格的部位，都是源于对大自然树叶形态的热爱。这并不是说建造拱是为了模仿一片树叶，而是拱在被人建造的同时，融入了工匠在树叶中感受到的美。我们还可以观察出，以下两种意图之间差别很大。首先是关于大型哥特式建筑的拱和屋顶结构旨在模仿植物的想法，这一意图在事实面前是站不住脚的。另一种想法是，哥特工匠们认为，在复刻于小型装饰上的树叶里，存在着一种特殊的美，这种美来自轮廓线中某些弯曲的特征，以及植物结构中某些细分和辐射的方法。在小规模的雕塑和弥撒绘画中，哥特工匠复制了树叶或荆棘本身的形态；在大规模作品里，哥特工匠从抽象的形态中获得灵感，在轮廓线上使用同样的曲率和同样的细分方法，同时顺应受力方向。哥特工匠从来没有在任何一个例子里，使用不规则轮廓的叶形来显示与结构的相似性，而是有意识地选择叶形，保持与结构形式完美而简单的呼应。正如我们所看到的，这样做也符合砖石工程的结构原则，在优秀的哥特式建筑的尖拱设计中，尖角总是单个出现（五叶形的拱顶设计是不够克制的，尽管在早期作品中显得非常可爱）。我们需要考虑建筑的产生背景，才能得出这些尖角是为了美观还是为了坚固而添加的。但是，我相信在中世纪建筑中，最初卷叶装饰的发明，肯定是出于对如画形式的热爱，而不是出于结构上的考虑。

然而，尖拱的结构优势很明显只在相对较小规模的拱上才能展现。如果拱的尺寸很大，侧翼下的突起就会变得太笨重和不安全，悬垂的石头容易断裂，因此大跨的拱不能建造沉重的尖顶，而是改用砖石来加固，并且在必要位置加设窗花格（有时起到实际的支撑作用）。

我在《建筑的七盏明灯》中已经陈述了窗花格的本质，在此只需重申若干要点。窗花格始于窗洞和墙壁凿刻石工的进步，切割出整体看像星星，单独看像树叶的形式：叶形装饰被普遍运用于窗花格，其末端石刻出独立的叶子形态，并与一种严格的几何秩序，以及对称的感觉结合在一起，三叶、四叶或其他辐射状叶子的形态提供的愉悦与此相当。如图25所示为若干最为常见的形式，最优美的窗花格是将这些形式以组群的方式结合，外轮廓加设装饰线条。

因此，"叶状凿刻"这一术语是哥特式建筑使用简单的拱和窗花格就能达到完美状态的条件，也是该风格的基本特征。如果拱或门窗开洞不以叶状凿刻的窗花格为组构，那么没有一座哥特式建筑能够臻于卓越并形成性格。有时，支承拱的形式也是叶状的，上面的装饰由人物雕塑组成；有时，支承拱是普通形式的，上面的装饰却由叶状凿刻组成。总之，叶状元素必须在某处尽力展现，否则整个风格就是不

图25　窗花格形式示意

够完善的。因此，我们对哥特式建筑的最终定义如下："哥特式建筑是一种采用叶状凿刻进行组构的建筑，使用尖拱作为屋顶构架，三角形山墙构成屋面外部形状。"

我相信，现在我们对于哥特式建筑的内在精神和外在形式都有了足够准确的认识，但是，接下来的论述可能对一般读者更加有用，在结论中，我将界定若干简单而实用的规则，对若干哥特式建筑实例进行判别，并论证如果建筑并非哥特式，是否依然值得我们进行翔实的研究。

第一，观察建筑的山墙面是否为陡峭的三角屋顶，并大大高于墙身。如果不是，那就不是纯正的哥特式建筑，或者可能被改建过。

第二，观察一下建筑主要的窗洞和门洞上方是否有尖拱，尖拱上方是否有山墙。如果没有尖拱，那么这座建筑不是哥特式建筑。如果有尖拱，但是上方没有山墙，那么这座建筑不是纯正的哥特式建筑，或者至少不是一流的哥特式建筑。

如果建筑同时具备陡峭的屋顶、尖拱和山墙，可以肯定其属于哥特式盛期产物。

第三，看看拱是否为尖拱形式，或者开洞的地方是否以叶状凿刻。如果建筑满足了前两个条件，那么肯定会在某个地方出现叶状凿刻，但是，如果建筑不是到处都有叶状凿刻，那么没有叶状的部分可以认为是不完善的表现。除非它们是大型承重拱或成组的尖拱，通过自身的繁复性形成一种更深层的叶状组构，并通过雕塑和丰富的层次得以完善。例如，西敏寺东侧的上部窗户因缺乏叶状形式而显得极不完美。如果任何地方都没有叶状形式，那么这座建筑肯定不是哥特式建筑。

第四，如果这座建筑满足了前三个条件，再看看它的拱，无论是门窗开洞部位，还是小型装饰拱的部位，它的柱子是否是有柱础和柱头的真正的柱子。如果是的话，那么这座建筑无疑属于最为优秀的哥特风格。当然也许仍然是一种模仿、一种无力的复制，或者一种高贵风格的不佳实例，但因为满足了四个条件，所以是一流的哥特式建筑。

如果建筑开洞之处没有柱身和柱头，那么再观察一下，墙壁的开洞是否使用普通的开洞方式，是否边缘没有附加任何装饰线。如果是这样，这座建筑仍然是优秀的哥特式建筑，可能因为需要适应一些居住或军事用途被改造过。但是如果窗洞的边缘带有线脚，在拱两侧的柱子没有柱头，那么建筑为低劣风格的产物。

以上是确定建筑是否具有哥特式建筑良好品质的必要标准。接下来要进行的考察，则是为了分辨其是否为良好的建筑：一座建筑可能是非常不纯正的哥特式建筑，但却是非常高尚的建筑；或者说，它可能是非常纯正的哥特式建筑，但仅仅是一个复制品，可能是由一个没有天赋的建造者建造，那么这座建筑依然是非常低劣的建筑。

如果这座建筑属于任何一个伟大的建筑流派，对它的批评就变得复杂，需要尽可能地小心，就像一首乐曲，要给作品制定一个通用的规则是不可能的，但是如果不是如此，首先，看看建筑是不是由优秀的建造者建造的。如果它给人带来一种粗犷宏大的冷淡感受，混合着精致的温柔，似乎总是如广阔视野之中的标记，包含着某种可以看透人类自身行为的巨大力量，并对此流露出一种高傲感。假设建筑具有这种特征，它就已经非常优秀了。尽管欣赏起来颇有难度，也并不愉快，但它已经是值得敬畏的建筑了。如果建筑没有这一特征，但这座建筑处处都非常精确，具有一丝不苟的工艺，那么可以肯定地说，它要么属于最好的风格，要么属于最低劣的风格。这种风格的最好情况是，其精致的设计在人的不懈努力和专注下完成，就像乔托式的哥特式建筑风格；这种风格最糟糕的情况是，机械性取代了设计本身。一般而言，它更有可能是属于最差的风格，而不是最好的风格。总的来说，过于精确的工艺应当被认为是低劣的标志，如果一座建筑除了机械化的精确之外，没有什么值得注意的地方，那么这座建筑就该被不屑一顾。

其次，观察一下建筑是否不规则，各个有差异的部分是否为了适合不同的使用目的，正因为没有人注意这一效果是如何获得的，造成建筑被误认为是规则的。如果建筑的每一个部分总是准确地对称于另一个部分，那么它必定是一座糟糕的建筑。实际上，建筑越不规则，那么成为好建筑的机会就越大。以公爵宫为例，总体来看建筑似乎是严格对称的，但是有两扇窗户比其余的窗户低，如果读者再数一数大拱廊和小拱廊上的拱，会发现窗户不在中心，而是往右移动了一个拱宽的位置。然而，我们可以非常肯定地说，这座建筑是一座精良的建筑，除非是技艺精湛的建造者，否则就无法达到这样的水准。

再次，观察一下建筑的窗花格、柱头和其他装饰部位的设计是否极为丰富。如果并非如此，那么这一作品就是低劣的。

最后，观察者们还要仔细看看雕塑。在领会雕塑的内涵之前，必须确定其是否清晰可辨（如果是清晰的，那么它肯定值得品味）。在一座好的建筑上，雕塑摆放的位置和尺寸都是经过精心考虑的。在通常人眼观察建筑物的距离下，雕塑应该是完全清晰可见和赏心悦目的。为了做到这一点，最高视线处的雕像应该有十或十二英尺高，上面的装饰也该是尺度巨大的。随着高度的降低，雕塑的精细程度需要增加，直到落在建筑物的底部，这时候其精致程度相当于放置在国王房间橱柜上的物什。但是，观察者并不会感觉到雕塑巨大的尺度。他只会觉得能够清楚地看到所有雕塑，并轻松地辨认细部。

确定了这一点之后，观察者就可以自己研究了。从那时起，对建筑的批评将按照与本书完全相同的原则进行，即使面对最为优秀的建筑，读者能否感受到一座建筑的卓越之处并感到愉悦不仅必须依赖于知识、感觉，而且还依赖于读者的勤奋和毅力。

# 第二章　公爵宫

　　我曾经述及，威尼斯的哥特式建筑之艺术以公爵宫为标志，分成两个不同的时期。在公爵宫落成后的半个世纪以来，出现林林总总的作品，或多或少都曾模仿和借鉴过它。事实上，公爵宫之所以在威尼斯成其伟大，乃因其为威尼斯人想象力之结晶。在漫长的岁月里，最好的建筑师来建造它，最好的画家来装饰它，于是乎，它变得如此非凡，成为伟大岁月之见证。那些目睹其一日比一日进步之人，该会受到多么大的震动啊！在受其影响的许许多多城市里，新建的宫殿和教堂开始流行更为原始和日常的大胆建筑形式，这座建筑的威严让哥特式的疯狂想象得以停歇。哥特式建筑仿佛在一瞬间停住了自身的躁动，创造的力量将聚集起来向新的方向努力，并唤起更有吸引力的艺术形象。

　　读者恐怕很难相信，虽然威尼斯人的建筑步入停顿，如同那喀索斯一般陷入对自我的沉思，人们对宫殿的各项建造都十分赞誉和喜爱，但因为对其过程的描述极为复杂，使得现代的读者对这段历史经常不知所云。事实上，最权威的威尼斯古物学者至今还在争论，宫殿的主立面到底是14世纪还是15世纪完成的。在我们从作品风格中得出任何结论之前，确定以上答案当然是必要的，可是，如果不仔细翻阅宫殿的全部历史和相关档案，就无法回答这些问题。而我相信这样的考察未必非常乏味，也不会一无所获，它会让我们获知很多史实，并由此读出威尼斯人的性格。

然而，在读者深入了解公爵宫的历史之前，很有必要熟悉这座宫殿的布局和主要部位的名称，否则，他就无法理解相关文献涉及的术语。因此，我尽量借助概略性的平面图和鸟瞰图，为读者提供关于基地的必要知识。

如图26所示为圣马可广场及周围建筑的平面示意图，以下的标注表示广场建筑物之间的关系。

A. 圣马可广场

B. 小广场

PV. 老行政宫

PN. 新行政宫

PL. 旧图书馆

I. 狮子广场

T. 圣马可钟楼

EF. 圣马可大教堂主立面

M. 圣马可大教堂

D D D. 公爵宫

C. 公爵宫内院

c. 卡尔塔门

pp. 稻草桥

S. 叹息桥

图 26　公爵宫

RR. 斯拉夫人堤岸

gs. 大楼梯

J. 审判角

a. 无花果树角

读者可以注意到，公爵宫的平面布局有点像中空的正方形，一边面对着广场B，另一边面对着斯拉夫人堤岸RR，第三个面在一条名为"宫殿河"的黑暗运河上，第四个面与圣马可大教堂相连。

建筑的第四个面，几乎什么也看不到。我们常提到的是建筑的其他三个面，分别被称呼如下：朝向小广场的是"广场立面"；朝向斯拉夫人堤岸的是"面海立面"；朝着宫殿河的是"运河立面"。旅行者们对这条运河怀有深深的敬意，因为它从叹息桥下流过。而且，它是城市的主要通道之一，在威尼斯人的心目中，叹息桥和运河的地位相当于伦敦人心目中弗利特街和圣殿关的地位，在圣殿关人山人海的时候确实如此。这两座建筑在外部形式上非常相似。①

接下来，需要对宫殿的外观和建筑布局有大致的了解；假设我们在建筑前方潟湖湖面大约一百五十英尺高处观察，可以获得面海立面和运河立面的总体视图（后者的视角较为陡峭），其内部庭院清晰可见，便于读者理解建筑布局。如图26所示，大致代表了该视点下观察所得，为了避免混淆，图中省略了屋顶的细节。注意在右侧的两座桥中，较高的一座是叹息桥，较低的一座是稻草桥，后者是码头之间

① 译注：圣殿关（Temple Bar）位于伦敦和西敏之间，其东是伦敦弗利特街，其西是西敏河岸街。在1878年之前，矗立着克里斯托夫·雷恩设计的石制门坊，即圣殿闩。1878年，伦敦市法团决定拆除圣殿闩，拆卸下来的2700块石件，得到了妥善的保存。2004年末，圣殿闩于主祷文广场重建，是伦敦证券交易所和圣保罗大教堂之间的主要通道。

的常规通道。它之所以被称为稻草桥，应该是因为从大陆运送稻草的船只曾在此通行和交易稻草。宫殿的一角矗立于这座桥的上方，由面海立面和运河立面相交而成，被称为葡萄藤角，带有诺亚醉酒的雕塑作为装饰。与之相对的墙角被称为无花果树角，带有人类堕落的雕塑作为装饰。建筑面对小广场的面长而窄，从这个角度可以看到建筑屋顶。在尖塔下方，最靠左侧的两个墙角之一是审判角，其名称来源尚无考。建筑围成的方形空间为内部庭院（有一口泉水），庭院有一边是文艺复兴时期低矮怪异的建筑群，面对着大楼梯，可以看到楼梯尽头在左侧倾斜。

公爵宫面向观者的面是朝南的。观者视线右侧且低于其余窗户的两扇窗花格，可称为"东侧窗"。与之处于同一水平高度的另外两扇窗户也使用窗花格装饰，俯视稻草桥和叹息桥之间的狭窄运河，可称为"运河侧窗"。读者将在宫殿黑暗的立面上观察到一条垂直线，将四层狭长的华丽建筑与宫殿附近的墙面分隔开来。稍远处完全是文艺复兴时期的建筑风格，但其特点没有被充分展示，因为我并没有仔细描摹这些小建筑和桥梁。就目前的观察而言，这一部分与宫殿主体并没有太大关系。较近处的无装饰墙面是古老宫殿的一部分，现代的窗户、重修的砖砌都留下了若干损坏的痕迹。

可以看出，宫殿的外立面主要由平整的墙面组成，支撑在两层柱子上，层与层之间为叠加关系。如图27所示的剖面简图，说明了结构支撑柱的情况。该结构包含面海的立面和宫殿，直到内院。图中的a和d代表内院和外立面的柱廊，起到承载墙体结构的作用。b、c代表使用壁柱加固的实墙。A、B、C代表宫殿内部的三层空间。

读者可以看到，这是最为简单的设计形式了，如果图中的A层、

B层的楼面和墙被拆除，可能只剩下巴西利卡教堂的形式——两堵高墙，由一系列柱子支撑，屋顶是坡度较为缓和的三角形屋顶。

A层和B层已经是完全现代化的空间，被分割为混乱的小空间使用，其中哪些是留存至今的古代砖石工艺遗迹已经无法辨认。如果要对此进行调查，需要将现代的抹灰墙面去除，我既没有时间也没有机会这么做。因此，楼层的划分问题对此不必赘述，关于顶层C的划分问题则非常重要。

如图26所示的总体视图，我们可以注意到建筑右侧的两扇窗户比立面上其他四扇窗户低。据我所知，这是为了使用方便而大胆牺牲对称性最为著名的例子，这一点我们曾经在前文述及，这也是哥特式风格的高贵性所在。

我们会发现，宫殿中两扇较低的窗户所在的部分，是最先被建造的，并被设计为四层，以便获得足够数量的房间。在14世纪初，由于特殊的历史条件，需要一处更为宽敞的房间用于召开元老院会议。于是，新房间是在旧楼的一侧增建的。但是，因为只需要一个房间，所

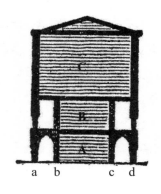

图 27　公爵宫剖面示意

以没有必要将增加的部分建为两层建筑。于是，整个新房间有两层那么高，为了与房间巨大的长宽尺寸匹配，也不算高得过分。然而，问题来了，如何放置这个房间的窗户？是与另外两扇已有窗户在一条水平线上，还是高于它们？

这个新房间的天花板的装饰由威尼斯最优秀的绘画大师完成。因此，增加光线照射的高度以照亮华丽的顶棚就变得非常重要，同时还要使得元老院议事厅的光线保持静谧的调性。应当让光线以整体投射的方式进入房间，而不是使用散落的照射方式。对于一位现代建筑师来说，一想到要违反建筑外观的对称性就会不由感到恐惧，如果这一设计由他来完成，恐怕天花绘画的宁静感觉就会被牺牲了。他可能会将较大的窗户与其余两扇窗户设计在同一水平面上，并在窗户上方设计较小的窗户，如同旧建筑的上层也开窗一样，新房间会显得像是延续了旧建筑上层立面的形式。但是，当时设计新房间的这位威尼斯人在考虑自己的名誉之前，首先考虑的是极力保留绘画作品的荣耀和元老院议事厅的舒适。所以，他毫不犹豫地提高了大窗户的位置，根据室内使用要求，将新窗户开在适当的位置，为了保证内在的统一，未考虑外部形式。我相信，在这几扇窗户的上下位置在墙壁上出现的不同效果，使得这座建筑在整体上不仅未受损害，还大大受益。

在第二扇和第三扇窗户之间，面向元老院议事厅东侧的墙上，有丁托列托绘制的巨幅壁画《天堂》，因此这面墙也被称为"天堂之墙"。

在"面海立面"上，几乎是中央位置处，也就是元老议事厅的第一扇窗户和第二扇窗户之间，有一扇落地的大窗户，开出了一个阳台，这就是公爵宫的主要装饰所在，被称为"面海阳台"。

公爵宫面向小广场的立面看起来与面向海洋的立面十分接近，但大部分是在15世纪建造的，那时的人们已经不怎么热衷于对称。侧窗都在同一水平面上。两扇窗户位于大议事厅的西端，一扇窗户位于一个小房间的位置，这个小房间在古代被称为"新四十人议事厅"。另外三扇窗户，中央的一扇窗户，以及一个与"面海阳台"类似的阳台，都位于另一个大房间。这个房间被称为"询事厅"，这个房间一直延伸到宫殿尽头的卡尔塔门。

现在读者对既有建筑的布局已经较为熟悉，能够进一步了解其历史了。

如前所述，威尼斯建筑由三种风格主导：拜占庭风格、哥特风格和文艺复兴风格。

威尼斯的建筑巨作——公爵宫，包含了三种建筑风格。因此，历史上分别存在过一座拜占庭式的公爵宫、一座哥特式的公爵宫和一座文艺复兴式的公爵宫。哥特式的公爵宫完全取代了拜占庭式的公爵宫，如果有什么是原来建筑上留下来的，那就只剩下几块石头了。但是文艺复兴式的公爵宫并未完全取代哥特式的公爵宫，如今的公爵宫是由两者融合的产物（图28）。

接下来，我们将依次回顾每一部分的历史。

一、拜占庭式公爵宫

在公元813年，威尼斯人决定将里亚尔托岛设置为国家政府所在地和首都。总督安吉洛①立即采取了有力手段，扩大建筑群的规模，

---

① 译注：安吉洛（Angelo or Agnello Participazio，775—827），威尼斯总督。

图 28　圣马可大教堂西侧

出自 J. W. 布尼的一幅油画，现藏于谢菲尔德的拉斯金博物馆。这幅画作由拉斯金委托其绘制，旨在作为严格准确的建筑记录，据说艺术家为此花了 600 天的时间

并保证这些建筑成为未来威尼斯的核心所在。他指定专人监管河岸的抬升工程，建造牢固的基础，在运河上架设木结构桥梁。为了便于宗教性事务的开展，他督建了圣马可大教堂。就在公爵宫如今的位置或附近，他督建了最初的宫殿用于政府办公。

　　因此，威尼斯公爵宫的历史源于威尼斯国家的诞生，今天我们所看到的遗迹，在当时曾被视为权力的象征。

　　安吉洛总督时期建造的宫殿，其确切位置和形式已无考。桑索维诺①说它"建在大运河上的叹息桥附近"，朝向圣乔治马乔雷教堂。也就是说，位置大约在如今公爵宫的"面海立面"所在之处，不过，

--------

①　译注：雅可布·桑索维诺（Jacopo Sansovino，1486—1570），意大利建筑家、雕刻家。

这只是他那个时代的常见说法而已。我们唯一能够肯定的是，它位于现存公爵宫的某个位置附近，它有一个重要的建筑立面是面向小广场的。我们将在下文看到，在历史上曾有一个时期，公爵宫是被包含在小广场内的。我们也能够看到，根据乔万尼·桑格尼诺的记录，奥索大帝曾访问威尼斯总督皮特罗·乌塞洛二世，当时的公爵宫是极为华丽的。编年史家记载皇帝"仔细观赏了宫殿的各处美景"，威尼斯的历史学家对这座建筑能够获得皇帝的垂青感到十分自豪。这段历史应当是发生在公爵宫经历了反抗皮埃特罗·坎迪亚诺四世叛乱时发生的大火，建筑被严重烧毁后刚刚修复不久。乌塞洛总督本人也督建了宫殿的装饰部分。桑格尼诺记载道，总督使用大理石和黄金"装饰了公爵宫的教堂"（圣马可教堂）。毫无疑问，这个时期的宫殿与这座城市的其他拜占庭式建筑十分相像，对其他建筑带来过不小影响，比如土耳其商馆就是这座建筑的影响力留下的例子。当时的公爵宫曾经被雕塑覆盖，以黄金和斑斓的色彩作为装饰。

在1106年，公爵宫再次遭遇大火，建筑在1116年得以修复。当时威尼斯接待了另一位皇帝——德国亨利五世，再次受到皇帝的赞誉。从1173年到12世纪末，威尼斯总督塞巴斯蒂安·齐亚尼对公爵宫进行了修复和扩建。据桑索维诺的记载，总督不仅修复了公爵宫的建筑主体，而且"在各个方向上都进行了扩建"。在这次扩建后，这座宫殿维持了一百年左右，直到14世纪初，哥特式的公爵宫开始酝酿。在对公爵宫进行哥特式风格修建的时期真正开始之前，大部分原有的拜占庭式的公爵宫是由总督齐亚尼设计的，因此我将拜占庭式的公爵宫称为齐亚尼宫。更确切地说，因为唯一的编年史文字，直到1422年才非常清楚地提到了这座宫殿，记录其由齐亚尼建造。史书记载道，这座古老的"宫殿，其中的一半至今仍保留着，正如我们所见，是由塞巴斯蒂安·齐亚尼建造的。"

如前所述，这就是拜占庭式公爵宫的历史。

## 二、哥特式公爵宫

在1297年左右，威尼斯的政府上演悄然巨变，贵族阶层的权力得到巩固。由总督皮特罗·格拉德尼戈领导威尼斯，他被桑索维诺描述为："一个果断和谨慎的人，有着无人可及的决断和雄辩才能，可以说，他通过引入绝妙的体制奠定了共和国政权得以永恒的基础。"

今天来看，我们可能会怀疑这些规程有何绝妙之处。但是，它们在历史上的重要作用，以及其制定者的坚强意志和绝妙智慧无可争议。威尼斯达到了历史发展的顶峰，公民的英雄主义在这片世界的每一个角落充分展露。人民默许贵族权力的自我稳固，大部分是出于对这些贵族家庭的尊重，因为其统治的确有助于威尼斯联邦进入高度繁荣。

西拉尔·康塞里奥通过封闭议会的形式，将元老院的人数限制在一定范围内，并赋予他们前所未有的尊严和地位。议会权力性质的改变，必然伴随着其议事厅空间大小、布置方式和装饰风格上的改变。

桑索维诺记录道，"在1301年，宫殿河边的位置开始建造另一处房间，由总督皮特罗·格拉德尼戈督造，并在1309年完成，于是在公爵宫里首次有了这座大议会厅。"因此，在14世纪的开年，威尼斯的哥特式公爵宫终于现身了。正如拜占庭式公爵宫的基础与国家的政权是同时代的产物一样，哥特式宫殿的基础也与威尼斯的贵族政权属于同一时代。公爵宫被认为是威尼斯建筑风格的主要代表，地位犹如帕提农神庙之于雅典，格拉德尼戈总督之于威尼斯则犹如伯利克里之于

希腊。<sup>①</sup>

　　在威尼斯的历史学家中，桑索维诺属于非常谨慎的学者类型。他在提到西拉尔·康塞里奥封闭议会等相关事件时，并没有特别谈及建造新大厅的原因，但是，《西沃斯编年史》的记录更为清晰一些："1301年，总督决心为大议会议事建造一个巨大的沙龙厅，建造完成后就成了现在的审议大厅。"在《西沃斯编年史》编写的时期里，这个房间毁弃已久，它原来的名字被用于命名对面的房间，但是，我希望读者记住1301年这一年份，因为它标志着一个伟大建筑时代的开启。在这个时代，贵族政权的力量将哥特式风格第一次应用于公爵宫的建造。在威尼斯的整个繁荣时期，建造一直在持续进行，没有中断。我们将看到新的建筑一点一点地蚕食并最终取代齐亚尼宫。当齐亚尼宫被彻底代替时，新建筑依然继续围绕广场建造，直到16世纪，新建筑延伸到了14世纪建造开始的位置，遵循原来建造的轨迹继续建造，并回到了轨迹头尾的交错处，接着继续隐藏开始建造的位置，就像一条首尾相交的蛇，扭动永恒而曼妙的蛇身，把尾巴藏到了嘴里。

　　因此，我们完全看不到这座建筑的尽头，它怀揣众多往昔生命的痛楚和力量——名义上，这座建筑由总督皮特罗·格拉德尼戈建造，但是，读者应当把开工年份仔细地记在脑海中。宫殿曼妙的身姿将很快展现于我们面前。

---

① 译注：伯利克里（Pericles，约公元前495—前429），是雅典黄金时期（希波战争至伯罗奔尼撒战争之间）执政官，在希波战争后重建雅典，扶植文化艺术，这个时代也被称为伯利克里时代，产生了苏格拉底、柏拉图等一批知名思想家。现存的很多古希腊建筑都是在伯利克里时代所建。

格拉德尼戈建造的新大厅在面向运河立面的某处，大约是叹息桥如今位置的后方；如木刻画中在屋顶某一处以虚线标记；具体位置高低不得而知，可能是在第一层的位置。而齐亚尼宫殿的正面如上所述，面向小广场，这个大房间与其他部分的距离尽可能地远；保证隐秘和安全显然是其建造中首先考虑的问题。

但是，新成立的元老院除了需要建造新议事厅之外，还需要扩建古老宫殿的其他部分。在桑索维诺对其建造历史的记录中，有一句十分简短但非比寻常的句子："在它附近，有坎塞莱里亚，还有盖巴或加比亚，后来都被称为小塔楼。"

加比亚的意思是"牢笼"。毫无疑问，存在某些房间，当时被加建在宫殿的顶层和面向运河的立面上，被用作监狱。旧塔瑞塞拉的某个部分是否还存在是一个令人怀疑的问题，但是公爵宫位于四层的顶部房间确实直到17世纪初一直被当作监狱使用。我希望读者注意到，独立的塔楼或牢房是为了消除对政府虐待囚犯的指控这一目的建造的，因为部分无知的历史学家歪曲了这些建筑的目的。关于公爵宫的监狱的说法是完全错误的。它们不像通常形容的那样，是宫殿里十分闷热的地方。恰恰相反，这些牢房十分舒适，有落叶松木建造的平坦屋顶，通风良好。1309年，新大厅和监狱建造完成，大议会第一次启用了这些面向运河的房间。

现在，让我们接着了解一下重大的历史事件。贵族阶层建立政权后不久，就被发生于1310年提埃波罗家族的叛变扰乱了。这一阴谋的结果是成立了十人议会，仍然隶属于格拉德尼戈总督的管辖。他完成了使命，却给威尼斯贵族留下了糟糕的管理权，传说他在1312年因为中毒死亡。他的继任者是马里诺·乔治奥总督，仅仅在位一年。随后

是约翰·索拉佐总督治理下的繁荣时期。没有任何记录提到其统治期
间对公爵宫有过任何加建，但继任者弗朗切斯科·丹多洛总督坟墓上
的雕塑仍然存放于圣母安康教堂的长廊中，可以被任何旅行者用来与
公爵宫比较。《萨维纳编年史》记载了他的事迹："总督在宫殿入口
处建了一扇大门，大门上方建造了他的雕像，他手执旌旗，跪在圣马
可之狮足前。"

看来，在元老院建造完议事厅和监狱后，他们还需要一个比旧齐
亚尼宫更加尊贵的大门来彰显这一时期的辉煌成就。这扇门的建造在
政府开支账目中曾被两次提及，幸运的是，这些账目被保留了下来：

"1335年6月1日。我们，安德鲁·丹多洛和马克·洛雷达诺，以
及圣马可的检察官，已经将薪资支付给石匠马丁和他的同事……他们
负责将一块用来制作狮子的石料，安放在公爵宫的门上。"

"1344年11月4日。我们花了三十五个金币来制作金箔，用于公
爵宫楼梯门口狮子的镀金。"

这扇门的位置目前尚有争议，这对读者来说或许并不重要，因为
这扇门在很久以前就消失了，取而代之的是现在的卡尔塔门。

但是，在这扇门完成之前，公爵宫迎来了进一步完善建筑的机
会。元老院认为，新议事厅在建造完成后的30年以来，已经变得既不
方便又过于狭小，需要开始考虑在宫殿里建造更为宽敞宏伟的大厅。
当时的政府已经完全掌握了政权，可能觉得继续在面向运河立面的议
事厅里议事有些不够光彩，这一空间也过于局促。我查找到最早描述
相关事迹的是《卡罗尔多编年史》，上面有这样一份确切的记录：

"1340年12月28日，马可·埃里佐，尼可罗·索兰佐和托马
斯·格拉德尼戈三位大师被选拔出来，以计划大议会厅的建造位置

……1341年6月3日，大议会还选出了两名检察官，以监督这座新大厅的建造，年薪80金币。"

在至今仍然得以保存的文档中，含有相关条目。在1340年12月28日，被任命的专员们把他们的报告递交给了大议会，接下来，在大运河之上建造一座新的议会厅的法令被宣告通过。

当时开始建造的房间就是我们现在看到的房间，它的建造包括了如今公爵宫中最精良和最优美的工艺，而低层富丽堂皇的拱廊就是为了这个大议会厅建造的。

我说大议会厅现在仍然存在，并不是说它没有任何改变，正如我们将在下文中看到的，公爵宫被一次又一次地改建，墙体的某些部分曾被重建。但是，通过观察建筑窗户的位置，可以确定其保留了最初建造的位置和形式，如图26所示。还可以看到，关于面海立面的设计，无论已有的历史信息是什么，都需要从有关大议会厅的文献档案中收集。

雅贝·卡多林曾指出，1342年和1344年是公爵宫建造的两个重要的年份，随后是1349年，建造因为瘟疫停止，随后恢复。最后是1362年，大议事厅处于"巨大的破败"，亟须建造完成。

建造的中断不仅仅是由瘟疫引起的，而是由法列尔的阴谋和建筑大师卡兰达里略的突然死亡共同造成的。建造工作于1362年得以恢复，并在接下来的三年内宣告完成，但至少要等画家瓜里恩托将天堂壁画完成，才算最后完工。但是无论如何，在那个时候，这座建筑的屋顶已经修建完毕了。然而，建筑的装饰和附属设施的修建时间很长，屋顶上的绘画则直到1400年才最终完成。桑索维诺记录道，画作描绘了布满星星的天空，据说代表总督斯特诺的方位。在那个时期，威尼斯几乎所有的天花板和拱顶都绘满了星星，没有任何使用纹章表达象征的痕迹。斯特诺声称，他以贵族头衔"斯泰利弗"建造了房间的重要部分，在两座方形石碑上刻下了碑文，镶嵌在面向大海的大窗户一侧的墙上：

"在1400年这一历史时刻，

石碑上留下斯泰利弗的英雄之名。"

事实上，也正是因为这位总督，我们才拥有了公爵宫窗外的美丽阳台，尽管上面的作品几乎是在相对晚近时期里完成的。我认为刻有铭文的石碑曾被取出，并用于新的砌筑工程。公爵宫最后的装饰部分，总共花费了60年的时间才完成。在1423年，大议会终于第一次在完工后的新议事厅里议事。那一年，威尼斯的哥特式公爵宫也宣告竣工。建造它的过程倾注了整个历史时期的能量，如前所述，我已阐明生命力之核心所在。

### 三、文艺复兴式公爵宫

首先，我需要稍微回顾一下历史，以确保读者了解公爵宫在1423年时的状况。在长达123年的时间里，公爵宫的加建或更新一直在断断续续地进行。这段修建至少经历了三代人，威尼斯人已经习惯于目睹公爵宫的外观逐渐变得庄严和对称，那些装饰雕塑和绘画作品——充满了对14世纪的生活、知识和希望之写照——与齐亚尼总督建造的拜占庭式公爵宫之粗暴凿刻形成鲜明对比。刚刚完工的宏伟建筑以新的议事厅为核心，被称为"新宫"；旧的拜占庭式建筑破败不堪，与旁边新垒起的精美石块形成巨大反差，被称为"旧宫"。然而，老建筑仍然占据着威尼斯的主要位置。新的议事厅建在面向大海的一侧，那时建筑前方还没有宽阔的码头，现在的斯拉夫人堤岸使得建筑面海的部分变得和小广场一样重要。柱廊和水面之间只有一条狭窄的小路，齐亚尼的旧宫仍然面对着小广场，由于老建筑年久失修，损害了这一贵族聚会广场的壮丽感。新宫殿的每一次美妙的加建，都使它和老建筑之间的差异更加让人痛苦，在所有人的头脑中开始产生一个模糊的想法，摧毁旧宫，完成与面海立面同样辉煌的广场立面。但是，当元老院第一次策划议事厅加建时，并未考虑大规模的翻新。仅是先加建单个附属房间，接着是入口，随后是更大的房间。所有加建都被认为是对宫殿的必要补充，并不涉及整个老建筑的重建问题。国库财富的枯竭，政治上的阴影，都使得大兴土木看起来很轻率，就像一个人害怕强大的诱惑，努力保持思想远离危险，元老院也害怕暴露弱点，希图避免过高的热情，因此通过了一项相关法令。这项法令不仅提出避免重建旧宫殿，还规定了禁止重建的提议。如此行事似乎压迫感过强，多少妨碍了客观公平的讨论，元老院明知如此却依然通过了法令。

制定这一法令的目的是防止自身弱点的暴露，法令禁止任何人提议重建旧宫，对违反者的处罚最高不超过1000金币。但是，他们低估了自己的热情，即使冒着损失1000金币的代价，亦不能阻止有人提出自认为对国家有益的建议。

此人行事恰逢时机，在1419年，威尼斯发生了火灾，圣马可大教堂在火灾中受损，公爵府部分朝向小广场的旧宫也遭损坏。在接下来的叙述中，我将引用撒努特的一些记录。

"于是，他们尽心修复和装饰上帝之华室，使宫殿复归瑰丽。公爵房间的进展缓慢，总督排斥恢复为以前的形式。迫于老一辈人之咨嚣，他们找不到重建的办法。法令规定如果有任何人提议拆毁这座古老的宫殿，并花费更大的代价重建，需支付1000金币的罚金。但是，有一位宽宏大量的威尼斯执政官，他最渴望的莫过于创造城市的荣耀，他带着1000金币走进了元老院，提议重建宫殿。他说，大火已经烧毁了大部分公爵宫（不仅是他的私人宫殿，而且是所有用于公共事务的地方），这一次大火是上帝发出的忠告，他们应该重建宫殿，而且使用更高尚、更伟大的方式建造，使其符合并彰显上帝的恩典，展示威尼斯这一国家的辉煌。他提出这一点既不是出于野心，也不是因为自身的利益，可能在他的一生中，无论是在国内还是国外的事务上，从未出于野心去做任何事情。在他采取行动时，总会先保证思想公正，考虑国家利益，以及维护威尼斯这一名讳的荣誉。就他个人而言，如果不是这场火灾，他永远不会想到将宫殿里的任何部分变为更华丽更辉煌的形式。在生活其中的许多年里，他也从来没有试图作出任何改变，而总是满足于先辈留下的宫殿。他很清楚，如果他们按照他的劝诫和恳求重新建造它，即使宫殿现在已经很旧了，拆除与重建耗时耗力，但是在墙面从地面逐渐变高的时候开始，他的生命就已经在上帝之手下借助建筑重生了。因此，元老院可以看到的是，他的建议并非为了自己的利益，而只是为了城市和公爵领土的荣誉。其益处属于其继任者而不是他本人。他还说道，为了像平常那样遵守法律，他带来了1000枚金币……这是为提出这样一项措施而准备缴纳的罚金，这样他就可以坦率地向所有人证明，他追求的绝不是自己的利益，而是国家的尊严。撒努特的记录继续告诉我们，当时没有人反对总督的愿望，1000金币很自然地被用于修建工作。"他们勤奋地工作，宫殿开始以我们今天所看到的形象和方式建造。但是，正如托马索·莫塞尼格总督自己所预言的那样，不久之后，他就结束了自己的生命，不仅没能看到修建的结束，甚至没能看到修建的开始。"

从上面的摘录中，可能有一两处会让读者认为整个宫殿被推倒重建。然而，我们必须记住，在这个时候，已经建造了一百多年的新议事厅实际上依然没有完工，元老院也还没有坐在里面议事，因此执政官可能就在那时提议推倒重建。就像今年，在1853年，任何人都在我们的下议院以恢复旧宫殿的名义，提议推倒新的议会大厦。

撒努特的记录是如此自然，虽然我们现在称整座建筑为"公爵宫"，但它在旧威尼斯人的心目中，由四个不同的建筑组成。它包括宫殿、国家监狱、元老议事厅和公共事务办公室。换句话说，就好比是集白金汉宫、旧伦敦塔、议会大厦和唐宁街四者于一体。在这四个部分中的任何一座建筑都可以被单独讨论，而不需要涉及其余三者。

"宫殿"是公爵宅邸，莫塞尼格总督曾建议将其和大部分公共事务办公室拆除重建，实际上也仅将宫殿部分拆除重建。但是，新的议事厅所在的整个面海立面的外观与公爵宅邸的直接关系，从来没有引起过莫塞尼格总督或撒努特的注意。

我曾提及，当莫塞尼格总督提出建造新宫的建议时，新的议事大厅还未开始使用。在1422年，威尼斯通过了重建宫殿的法令，莫塞尼戈于次年去世，弗朗切斯科·福斯卡里继任威尼斯总督之位。据《卡罗尔多编年史》的记载，大议事厅的首次使用是在福斯卡里以总督身份进入元老院的那一天，即1423年4月3日，根据另一份保存于科雷亚博物馆的记录（由一位匿名女士提供，编号为第60）显示，这一日期应为4月23日，并于次年，1424年3月27日，工人砸下了推倒齐亚尼旧宫的第一锤。

　　这一锤被称为"文艺复兴"的导火索，丧钟为威尼斯的建筑而鸣，也为威尼斯这座国家而鸣。

　　威尼斯辉煌的盛期已然远去了，衰败迹象已经出现。在我看来，其衰败始于莫塞尼戈之死。这位伟大总督的去世距离那条法令的通过不到一年，他坚定的爱国主义这么看来是错误的，因为，在他开启的对威尼斯崭新荣誉的热情追逐之中，他忘记了威尼斯荣誉之归属者为谁。即便有一千座新宫殿在她荒僻的岛屿上建造，也没有一座能取代最初那座宫殿在她人迹罕至的海岸上留下的记忆。它，被慢慢抹掉了，但是，仿佛它才是威尼斯命运的守护者，一旦失去它，威尼斯将挥别繁荣。

　　我无意在错综复杂的细节中追寻历史，自福斯卡里总督的统治时期开始，宫殿逐渐变为今天的样子，此过程中历任总督均参与其修建。除了偶然被提及，15世纪的建筑记录起不到加深理解的作用，但主要的事实大致如下：齐亚尼宫殿被摧毁了，在面向小广场的外立面修建中，在多数细节上使用了类似于大议事厅的工艺方式，留存至今。这一立面距离面海立面和审判角的距离相当。在总督福斯卡里的指示下，后方的卡尔塔门于1439年开始建造，于两年后完工。1462年，克里斯托弗·莫罗总督增建了与之相连的建筑。

　　读者可以看到，我们已经回顾了宫殿的历史，1462年完成的新建筑是哥特式宫殿的最初部分，新的元老议事厅于1301年完工，哥特式宫殿是在其基础之上修建的。齐亚尼旧宫的一些遗迹很可能仍然留在新宫殿的某个角落里，或者更有可能的是，它留下的最后一块石头在1419年的大火里消失了，取而代之的是总督建造的新宫殿。但是，无论是旧的建筑还是新的建筑，在卡尔塔门完成时，曾经矗立在这个地方的建筑连同面向运河立面的大部分宫殿在1479年被另一场大火摧毁了，尽管当时格拉德尼戈总督建造的沙龙房间（被称为普雷加迪大厅）没有被毁，叹息桥后方朝向内院和运河部分的宫殿亟待重建。这项工作被委托给15世纪末至16世纪初之间最好的文艺复兴建筑师。安东尼奥·里奇设计了大楼梯，但他带着一大笔公款潜逃了。于是，皮特罗·隆巴多取代了他的位置。整个建造工作直到16世纪中期才最终完成。设计宫殿的建筑师围绕着广场做文章，本来是想修复在火灾中损毁的建筑，结果却超出了他们的预定目标。1560年的建造与1301年至1340年之间的建造结合在一起，如图26所示，在运河立面上以竖线示意。

然而，建筑完整的形式还是没有得到保留。另一场可怕的大火，通常在历史上被称为"大火灾"，发生于1574年，摧毁了大议事厅、面海立面的顶层房间，以及面向运河立面的大多数内部设施和所有珍贵的绘画，建筑烧得只剩下一个框架，在爆裂的火焰中颤抖。元老院的人就是否应该拆毁废墟，代之以一座全新的宫殿再次辩论。这次，威尼斯所有重要建筑师的精湛意见都被采纳了，包括加强墙壁的安全性和按照原样修复。这些意见以书面形式保留了下来，并被卡多林整理出版，我们在上文也多次提到这些资料；正是这些历史记录构成了公爵宫最重要的档案。

当我发现自己的名字意外地与建筑师乔瓦尼·罗斯科尼的名字相似时，不禁感到有些孩子气的快乐，因为，他热爱古老的建筑。其他建筑师，尤其是帕拉第奥，曾经想推倒旧宫殿，实现自己的新设计。但威尼斯最好的建筑师们，决定彰显威尼斯不朽的荣耀，得益于弗朗切斯科·桑索维诺的奔走，主张恢复哥特式风格的一方在辩论中取得了胜利。公爵宫被成功地修复了，因为瓜里恩托的天堂壁画在大火中焚毁，丁托列托在墙壁上完成了他最为高贵的作品。

然而，当时建筑必须进行的修复范围很大，在许多方面涉及了宫殿早期的建筑：形式上唯一重大的改变是监狱部分，以前监狱位于宫殿的顶层，现在转移到面向运河立面一侧；工程师安东尼奥·达·庞特建造了叹息桥，并将它与宫殿连接起来。这项工程使整座建筑变成了如今的外观。内部房间的门、隔墙和楼梯的改变不太引人注意，像这类对古老建筑的粗放修葺和任意改观，我相信在过去五十年里每一座重要的意大利建筑都已经历。

因此，现在我们可以开始自由探讨公爵宫的一些细节了，并对其历史暂时没有疑问。

首先，回顾一下本章开头提到的木刻画，读者将观察到，由于公爵宫的平面非常接近于正方形，其四角被赋予了特殊意义，也使得它们有必要通过雕塑来丰富和柔化。我不认为这种设计的合宜性会受到质疑，但是，如果读者不厌其烦地查看诸如教堂塔楼或其他方形平面建筑的形式如何得到了极大完善，他会立刻观察到效果取决于角度的调整，要么是通过成组的扶壁，要么是通过转角尖塔和带有丰富雕塑的壁龛。还需要注意的是，这种突破角度局限的设计原则其实是哥特式的问题处理方式，部分原因是哥特式建筑需要加强巨型建筑的侧翼部分，这些侧翼一般由某些并不完美的材料建造，并设计成扶壁或尖顶的形式；部分原因是哥特时期发生的战争，因而需要在建筑四角设计塔楼；还有部分原因是人们自然的心理反应，偏向于排斥单调乏味的建筑墙面，因而需要使建筑的角部出现变化。公爵宫在实践这些原则的同时，对哥特式精神作出了比过往威尼斯建筑更为明显的遵从之意。在建造的时候，没有一个墙角不是以红色大理石窄槽壁柱作为装饰的，总是带有丰富的雕塑。像希腊和罗马建筑作品里的那种光溜溜的墙面，据我回忆，只有过两个例子且都在圣马可教堂里——西北角上大胆而诡异的鬼怪雕塑，从主穹顶四角突出的天使雕塑，以上设计显然是在伦巴第风格影响下出现的。即使有任何其他例子被遗漏了，我还是非常确定总是能从这些建筑上清晰地追溯到来自北方风格的影响。

公爵宫完全顺应哥特式建筑的原则，主要装饰集中于转角部位。建筑中央的窗户，在木刻画中显得十分丰富，确实也很重要，正如我们今天看到的，在文艺复兴时期曾被完整地修复，工程在总督斯特诺的带领下完成。所以，现在已经无法找寻全部早期设计的痕迹。旧宫殿的主要优点集中于转角的雕塑上，其设计如下。将两个起承托作用的拱廊在转角部位的柱子处加粗，使得柱头在深度、宽度和主题的丰富性上都大大加强；在每个柱头上方的墙角部位，引入一项雕塑主题，在巨大的下方拱廊中，由两个以上的人物雕像组成；而在上方的拱廊，则雕刻着天使，手执卷轴；在天使的上方，是扭曲的柱子和壁龛，在本书关于护墙的内容中涉及该问题；从地面出发到建筑转角部位的顶部为止，建筑形成了一条完整的装饰带。

我们可以注意到，公爵宫的一处墙角与圣马可教堂不规则的外围建筑连接，一般不会被人们注意到。因此，要装饰的只剩下公爵宫的其余三个转角，分别为葡萄藤角、无花果树角和审判角。结合前述设计，我们有：

第一，三座大型的承托式柱头（下方拱廊）。

第二，位于其上的三组人物主题的雕塑（下方拱廊）。

第三，三座较小型的承托式柱头（上方拱廊）。

第四，位于其上的三组天使雕塑（上方拱廊）。

第五，三座带壁龛的扭曲柱子。

下文将按照拱廊柱头与雕塑的顺序进行叙述。读者需要注意的第一点是拱廊上方人物雕塑的主题选择。就观察可知，雕塑确实是建筑非常重要的部分，从中可以如我们所期望地找到关于感觉的重要证据，并领会建造者高超的技艺。如果建造者有任何目的要告知后人，那么必定会在此处言说；如果建造者有任何教训要传授给后人，那么必定会在此处劝导；如果建造者有任何感情要通过公爵宫这座重要的城市建筑流传给后人，那么此处即理解其内涵之处。

今天的葡萄藤角和无花果树角两个角柱墩，其实属于古老的，或真正的哥特式宫殿的一部分，第三个角柱墩审判角，则属于在文艺复兴时期里模仿二者而成。因此，在前两个角柱墩的位置，可以看作是哥特的精神在对我们言说，而在第三个角柱墩位置，可以看作是文艺复兴的精神在对我们言说。

相信读者们还记得，我们在哥特人的心灵中所追寻的那一种最为典型的情感，是对自身弱点的坦率承认。必须预先说明的是，通过后文的研究我们将得出以下结论，文艺复兴精神的主要特点，是对人类自身智慧的坚定信心。

现在，听听这两种灵魂如何为自己说话。

属于哥特式宫殿的第一座主要雕塑位于我所说的无花果树角：

它的主题是人类堕落。

第二座雕塑位于葡萄藤角：

它的主题是诺亚醉酒。

文艺复兴时期的雕塑位于审判角：

它的主题是所罗门的审判。

这些事实背后的重要性，怎么强调都不为过。这座宫殿是在不同的时代里陆续建造的，并完好无损地保存到今天，似乎其唯一的目的就是试图教会我们辨别两种艺术的性格差异。

我想称无花果树角上的雕塑为主雕塑，因为它位于宫殿的中央位置，转向小广场（正如我们看到的，建筑面对小广场的立面在过去显得更为重要）。支撑无花果树角的巨大壁柱柱头，远比葡萄藤角的壁柱柱头要精妙许多，似乎也标志着前者在建筑师心目中无上的地位。我们无法断言它们之间何者先被完成，但是无花果树角似乎做工更为豪放，并且人物形态更为羁直，所以我宁愿相信它是最早完成的。

在人类堕落和诺亚醉酒这两个雕塑题材中，构成雕塑的树——一为无花果树，一为葡萄藤——是必要的附属品。在这两处雕塑中，树干构成了宫殿真实的外墙，工匠大胆地从后方运用石工分开切割，并在雕塑上方分叉，雕刻出长达几英尺的幽深叶丛包裹墙角的每一侧。在无花果树角上，这些叶子的雕塑美妙绝伦，宽大的叶子围绕着含苞待放的果实，在阴影之下，隐藏着形态最为优美、羽毛最为细腻的鸟儿。树枝是如此强壮，大量的石头被凿成巨大的叶子，尽管雕刻得很深，几乎没有碰坏一点点石材。在葡萄藤角，自然而微妙的藤叶和卷须诱使雕塑家倾尽全力，超出了对艺术的合理限制，上方的茎被切凿得过于精细，以至于有一半石料都被牺牲了，雕塑家还不得不暴露这一情形。然而，剩下的部分是如此有趣，极为精致，我将选择它说明另一个相反的主题，而不是借用无花果树角的高贵体量来进行相关说明，并且我应该以更大的程度渲染这些特点。尽管葡萄藤角构图上的优美被其中心体块的缺失破坏了一半，但在设计各种弯曲的树叶如何分布，以及在设计如何在较轻巧的树枝上雕塑小鸟时，已有足够的内涵向我们证明设计者的力量。我提到的图版，作为一个非凡的例子，证明了哥特式的自然主义。事实上，对自然的复制几乎不可能比大理石树枝的纤维和卷须的细微排列发展得更远，特别要注意藤蔓的多节到树枝最高处的特殊表达。然而，在图版里只能看到作品的一半，因为，在某些情况下，雕塑家会展示树叶的背面一侧，将其大胆地转向光线，以浅浮雕方式表达每一根叶脉，不仅刻画主叶脉如何支撑叶肉，实际上也很自然地突出叶脉组织不规则的蜿蜒交错，雕塑家使用传统的浅浮雕手法为葡萄藤叶赋予了一种独特的镶嵌式视觉效果。

正如早期雕塑里常见的情形，人物远不如树叶完善，然而，这些雕塑在许多方面如此娴熟，以至于我花了很长时间才说服自己，它们确实是在14世纪上半叶制作完成的。幸运的是，完工日期被刻在圣西门大教堂的纪念碑上，上面还有一尊平卧的圣徒雕像，方方面面的做工都比公爵宫的其他雕像精细得多，但又如此相似，以至于我毫不犹豫地认定，诺亚的头部是由雕刻家模仿圣西门雕像精心雕刻而成的。在后一座雕塑中，脸被描绘成死亡的样子，嘴半开，唇薄而尖，牙齿小心翼翼地雕刻在下方，那张脸虽然阴森可怖，但是非常宁静而威严，华丽的花环中头发和胡子十分飘逸，以最巧妙的自由感，但却最为严格的设计，垂落在肩膀上，双手交叠于身体，仔细观察还可以看到，身体的青筋和肌肉都以完美而顺畅的方式予以表达，但没有任何过头的炫技。这座纪念碑上的日期是1317年，雕塑家理应为此作品感到骄傲，碑上记录下了他的名字：

"马库斯为罗马人完成了这件非凡的工作，

不该吝啬对他双手的赞美。"

公爵宫诺亚雕像的头部，显然在模仿圣西门的雕像，雕像有同样丰富而飘逸的须发，但呈现为更加小而硬的卷发，手臂和胸部的青筋显得更为清晰。相较于刻画人物，这位雕塑家显然更擅长捕捉植物的细节，因此，这是在早期阶段值得注意的那一类工匠，他未能够清楚讲述他的故事，遗憾和奇迹是如此平均地出现在三兄弟身上，无法分辨哪一个是含。在图29中可以看到其中两兄弟的头部，第三个人物没有和他们在一起，而是距离大约十二英尺处，位于拱券的另一侧的墙角柱墩部位（图30）。

可以观察到，作为该组雕塑完工日期的进一步证据，是三座青年形象雕塑的共同特征，他们的脚踝和小腿都以绑带简单地交叉包裹。从1300年到1380年，几乎在威尼斯的每一座人物雕塑中都可以找到这一服饰上的特征，旅行者可以在距离这组雕像仅仅三百码之处看到另一个实例，1354年去世的安德烈·丹多洛总督墓上（位于圣马可大教堂内）的浅浮雕。

在无花果树角的壁柱两侧雕刻了亚当和夏娃的形象，较诺亚及其三子的雕像而言，人物看起来更加羁直和瘦削，却与建筑的功能更为匹配。通过蛇缠绕着树干这一更高贵的艺术处理手法，使得节点终结了所有线条，其工艺水准高于葡萄藤角。

文艺复兴时期的雕塑家，将无花果树角的雕塑几乎复制到了所罗门审判的人物雕像之中，把类似的树干放在了刽子手和母亲之间，人物向前倾斜以维持手势的平衡。尽管整座雕塑群在设计上比早期公爵宫的雕塑自由得多，在许多方面极为优秀，且总是比其他雕塑更吸引哪怕是粗心的眼睛。但是，它却显示了工匠卑下的精神状态。树叶虽

图 29　葡萄藤角的叶状装饰

图 30　葡萄藤角

初版中这幅拉斯金的绘画作品后来被只显示雕像头部和叶子的细部（图 29）所取代

然比其复制的对象——无花果树角的叶子在线条上更加刻意地变化，但对比于大自然而言，却没有一点真实感，它们的根茎不够结实，轮廓过于刻意，它们的曲线不是那种正在生长着的叶子的曲线，而是接近于一团褶皱窗帘的曲线。

以上为公爵宫墙角起装饰作用的雕塑所表达的主题，值得注意的是，我们可以观察工匠如何以单纯的方式表达人类的两种感情，一种是人类脆弱不堪的自我意识，一种是对于神之指引和保护的依赖感。当然，这就是雕塑里引入天使形象的常见目的，而且，我想也是根据托比特跟随拉斐尔的情节进行演绎的，前者追赶触及后者衣服的下摆。[①] 我们接下来要考察的是古老雕塑所体现的神性和自然历史的进程，这些雕塑是支撑宫殿下层拱廊的巨大柱子，巨大的柱头位于人眼视线上方八英尺多一点的高度，那些经过的人们（威尼斯最高贵的人）可能会对其加以留意，就好像阅读艺术之书的某一页一般，他们习惯性地走在这座巨大拱廊的阴影里，开始早间的第一次交谈。

柱头的雕塑表达着美德和邪恶的化身，也是这个时期里意大利城市的装饰艺术最被喜爱的主题，产生了各式各样的形式表达，也形成了一种普遍的类型，在坟墓建筑中被用于表达对死者的赞颂，我相信读者将乐于且受益于在拱廊的第一个拱券稍作休憩，回顾美德的象征

---

① 译注：此处，拉斐尔（Raphael）指的是，在部分基督教信仰中神的御前七大天使长之一，其他三位有名字的天使长是迈克尔（Michael）、加百利（Gabriel）和乌利亚（Uriah）。通常认为拉斐尔在天堂天使长里排行第三。"拉斐尔"意为"神已治愈"，在非主流著作——犹太教古书《以诺书》（*The Book of Enoch*），以及旧约圣书《托比特书》（*The Book of Tobit*）中对拉斐尔有简单描述。《托比特书》中还讲到拉斐尔曾说，他是上帝御前七大天使之一。

最初如何被基督教的想象力所发明，宗教情感如何在其择取的象征物上被完美揭示。

　　除了第一个柱头之外，所有的柱头都是八角形的，以十六片叶子装饰，每个柱头的丰富程度不同，但叶子的排列方式相同；其中八片叶子上升到墙角高度，形成涡卷；其余八片叶子在其间布置，上升到钟形柱头的一半高度；叶子向柱头外探出若干，在其上则是需要详细加以考察的雕塑，或成组布置或单个出现，形式极为丰富。在某些情况下，中间或下方的叶子被减少到八片，此时柱头的形式效果就依赖于对人物雕塑的大胆展示。在提到八角形柱头的人物雕塑时，我会称之为外侧，因为这个面正对着大海或小广场，它们是第一个面，所以从左到右数，第四个面是最里面的那一侧。然而，由于前五座拱券经历了大火，它们的柱头只有三面是可见的，可以称之为正面以及东西两个侧面。

　　从对宫殿的考察中可以获得建造之人以感情留下的证据。上部拱廊的柱头其特征是极为多样的，设计是如此展开的，在较低处的八片叶子，在墙角处裹入涡旋之中，并在侧翼支撑人物雕塑，但这些人物雕塑没有铭文，显然它们也不是没有含义的雕塑，据我所知的古代象征体系的知识，对此无法作出更多解释了。许多面向大海的柱头似乎被修复过，是对古物的原初摹本；其他柱头，虽然显然出于原创，但显得有些粗心大意。除了在较低拱廊上的第十八个柱头，都是既真实又经过精心处理的作品，在构图上比任何作品都要精致。威尼斯的旅行者应该登上拱廊，仔细观看从无花果树角延伸到支撑大议会厅界墙壁柱为止的一系列柱头。作为以厚重的柱头形成优雅构图的例子，意味着以苦修服侍上帝和在远处引信徒注目的双重效果，这些也是我所知道的哥特式艺术中最好的部分。无花果树角的上方是引人注目的四季风主题雕塑，每一边的雕塑都是四季风的代表物。莱万特是东风，其形象是一个头上有光芒的人物，表明刮东风时总是伴有晴朗的天气，使太阳从海中升起；霍特罗是南风，其形象是一个头戴冠冕的人物，右手握着太阳；波嫩特是西风，他使太阳坠入大海；还有北风特拉蒙塔纳，他正在仰望北极星。这些柱头应该被充分细究，再无更好的形容方式堪与弥尔顿的华丽诗篇相比：

"抗击啊，再激烈些，

莱万特之风和波嫩特之风，向前横冲吧，

欧律斯之风和泽法尔之风，呼啸之音，携于旁侧，

西罗科之风和利贝丘之风从此吹过。"

我还想特意指出，公爵宫在小广场一侧的第七根柱子上，雕刻着一只雌鸟在喂食三只幼鸟，然而，关于这些雕塑的幻想永无止境。旅行者应该仔细观察雕塑中的所有形象，直到他来到大会议厅支撑界墙的位置，此处建造了巨大的壁柱和复杂的柱墩，也就是说，在整个柱头系列之中，从包含葡萄藤角的壁柱开始数，就像在下层拱廊中的计数一样，第四十七个柱头处。第四十八个、第四十九个和第五十个柱头算不上是好作品，但它们很古老；第五十一个柱头是上部拱廊里文艺复兴时期完成的第一个柱头：新的狮子头部雕塑，带有光滑的耳朵，在福斯卡里总督时代完成，位置在第五十个柱头上部；柱头和柱身位于面海立面的第八个拱券的顶部，面向小广场的拱肩分别为14世纪和15世纪的石工。

在这些树叶摇曳的阴影下，我们告别了伟大的哥特精神，在这里，我们也可以把对公爵宫的细致考察告一段落。在它的上部拱廊只

有四扇窗是使用窗花格的，在面向运河立面的第三层上有一或两扇窗花格，可以说展示了这座古老宫殿的原始工艺。我仔细考察了外墙其他四个柱头和小广场上的四扇窗户，发现它们的做工都远不如保留了窗花格装饰的窗户：我相信这些窗户的石制窗框必定曾被大火损坏过，因此有必要使用新的窗饰来代替，于是乎，如今的线脚和柱头是原始式样的仿制品。然而，窗花格被修复为完整的形式，因为在窗台上仍然可以看到为了固定窗花格留下的螺栓孔，以及拱底线脚的痕迹。至于外立面、护墙、墙角的柱身和壁龛保留了多少原始砖石，也无法确定。但是，它们之中的任何一项工艺都不需要特别加以注意，更不用说每一面外墙的中央大窗户了，因为这些窗户完全是文艺复兴时期的风格。建筑的这些种种不同部分之中，令人钦佩的是它们的差异部分和品质上的和谐感，这无疑是以相同肌理方式组成的整体，并被精密设计过，从远处看，也一样会产生类似的印象。

公爵宫的内部就不是这样了。当然，早期装饰的遗迹还在这里，只是实物都被大火烧毁了，瓜里恩托和贝里尼严肃的宗教作品已经被代之以丁托列托的野性和威罗尼的奢华。在这种情况下，尽管气质大不相同，新的艺术至少在智力上和灭亡的艺术一样伟大：虽然公爵宫的大厅不再代表建造者的性格，但每个大厅仍然埋葬着巨大的宝藏。它之所以安全有赖于它被忽视的现状，也正如这个时刻，我写下的文字一点一点地淬尽我于永恒。

# 第Ⅲ卷　衰　落

# 第三部分　文艺复兴时期

## 第一章　早期文艺复兴

　　我相信读者通过前述章节，心中已经能够多少形成威尼斯在13、14世纪雄伟街道的样态。然而，尽管如此壮丽，威尼斯在中世纪城市中并不出众。威尼斯早期的建筑依偎在海浪的怀抱之中，一直保存至我们的时代，而不断出现的废墟却掩盖了其姐妹城市的光芒。这些历史碎片留在了它们僻静的广场和街道的角落里，比起威尼斯的建筑，甚至更为丰富、完美，其创造力令人钦佩，其美丽程度令人震撼。虽然欧洲北部的文明不甚发达，艺术的知识限于教会传授的秩序，建筑达到完美的时期比意大利晚得多，甚至要到15世纪中叶，然而，随着每个城市都到达了文明的爬升阶段，它的街道装饰也呈现出华丽的景象。风格上的不同则取决于手头的材料和人们的脾气。我不知道在中世纪哪一座拥有财富和卓伟地位的城镇中，会找不到证据证明其在最有活力和繁荣的时期里，街道上不曾布满丰富的雕塑，不曾处处闪耀着光芒（尽管如此，威尼斯依然矗立于顶峰）。现在让读者尽他所能地想象一幅生动而真实的画面，要么是14世纪的威尼斯宫殿，或者，如果他喜欢的话，想象鲁昂、安特卫普、科隆或纽伦堡的任何一处奇妙而丰富的街景，并保持这一华丽的场景竖立在他面前，接着想象自已走进以上地方的任何一条大道，以一种普遍和独特的方式感受过往的建筑。就好比在伦敦感受当代建筑那样，让他在哈雷街、贝克街或高尔街上走一走，然后对比这些画面，他就可以开始思考（因为这是我们接下来也是最后一个切入的讨论主题），是什么原因导致了欧洲人思想的巨大变化。

从大运河到高尔街，文艺复兴时期的建筑培养了人们的创造力和建设才能，从大理石的柱子、尖拱、环绕的叶子，蓝色和金色的融合，到墙上的方形镶板。我们现在必须思考这一变化产生的原因和过程，正如我们曾努力研究哥特式建筑的本质，这里也需研究文艺复兴建筑的本质。

虽然文艺复兴建筑在不同的国家间呈现出迥异的形式，但却可以简要地将其分为三类：早期文艺复兴，涵盖哥特流派的初次衰退；中央文艺复兴或罗马文艺复兴，这是一种渐臻完美的风格；怪诞文艺复兴，意蕴文艺复兴自身的衰退。

现在，为了保证论及文艺复兴建筑被否定原因的公正，我们将只参考这一建筑派别最卓越和核心的例子。在多数情况下，文艺复兴早期的建筑形式，基本只能被归咎于软弱无力的哥特式建筑走向奢华和腐败，古典主义绝非正确出路。在《建筑的七盏明灯》第二章中我曾提及，除非奢侈侵袭，哥特的形式才会被削弱，否则罗马传统不可能战胜它们。虽然哥特艺术衰退的不妙态势几乎立即被古典形式所掩盖，对于文艺复兴的指摘其实毫无依据，因为哥特式建筑被文艺复兴建筑替代之前，早就失去了内部的活力。

当哥特艺术走向堕落时，文艺复兴艺术强势崛起，力求通过创造实现普遍完美。自古罗马消亡以来，世人第一次在15世纪的艺术家作品中目睹了何为伟大，在基兰达约、马萨乔、佩鲁吉诺、弗朗西亚、平托瑞丘和贝里尼的绘画，以及米诺·达·菲耶索莱、吉贝尔蒂和韦罗基奥的雕塑中，一种完美的执行力和丰富的知识储备使所有之前的艺术黯然失色。这些当下的作品与过去伟大的作品相结合，证明了艺术家为之浇灌的心血和澎湃的热情。但是，一旦这种力求完美的喜好在作品中逐渐展露，完美在任何事物中都成为必须达到的标准了，结果这个世界再也不能满足于不那么精致的制作和不那么严谨的知识。在所有工作中，被要求的第一件事就是以一种完美的、博学的方式来完成作品。人们完全忘记了不完美也有其意义，无用之物也有其价值。一心寻求灵巧的笔触使得他们逐渐忘记了感知温柔，要求知识的精准使得他们逐渐忘记了保持思想的独立。他们鄙视的思想和精神此刻已经离他们而去，他们多么庆幸自己获得了新科学的教诲和更为灵巧的技法。这是历史上的哥特艺术第一次被文艺复兴艺术打败，更为致命和直接的变化发生在建筑中，比起其他艺术门类，建筑对于完美的需求更不合理，更不合工匠的天性。正如我们所看到的，文艺复兴建筑坚决反对的粗鲁和野蛮的作品，恰恰在很大程度上证明了哥特式建筑的高贵。但是，由于新的创造建立在至为美丽的艺术典范之上，由世界上最为出色的人物领导，并且由于他们反对的哥特式建筑本身也陷入衰退，文艺复兴艺术的出现因此具有一种健康的艺术运动意味，新的艺术能量取代了对哥特艺术积攒的厌倦，受益于广博的知识、精致的品味和对完美的追求，终于成为新风格的典范。这种风格通常被称为"五百"风格，在整个意大利的雕塑和绘画中流行起来，正如我曾言及，在这个时期产生了世界上最为出色的大师，如米开朗琪罗、拉斐尔和达·芬奇，但是，在建筑上这么行事却失败了，正如我们看到的，在建筑里最不可能实现的就是完美，这种追求使得建筑本身更彻底地失败了，因为对古典的狂热摧毁了原本最好的建筑形式。

仔细观察文艺复兴的艺术原则可以发现它包含了对普遍完美的执着追求，这种要求与对完美古典罗马形式的要求不同。如果我有足够篇幅按照我所希望的方式来研究这个课题，我最先考虑的是如果在15世纪没有复原古典时期的经典手稿，也没有古典建筑的遗迹被保留，欧洲艺术的进程会是何等样貌。所有伟大人物为了复现早期建筑的完美，努力了五百年，现在终于达到了。但若非如此，或许欧洲艺术将与早期建筑结构相结合，发展出更为自然和适当的形式。这种精致和完美确实带有危险，只要陷入享乐，必定走向堕落，无论能否掌握纯拉丁语，意大利晚期的历史都不会有其他格局。艺术在它发挥出最强大力量的历史进程里，何以必定会陷入衰弱，对这种历史现象背后可能原因的探究，是一种完全不同于对古典处于衰弱阶段形式特性的探究。而让我感到相当遗憾的是，我几乎不能把这两类研究分开，如果读者能够加以分辨，或许我就能稍许安心了。

受15世纪对经典文本研究之影响，哥特体系整体上被废除了。尖拱、重重阴影下的穹顶、束柱、指向天空的塔尖都被扫荡完毕了。建筑中不再允许任何多余结构件，从一根柱子到另一根柱子之间只留下普通的横梁，上方是圆拱，下方是方柱或圆柱；三角屋顶和山花作为高贵的形式元素，幸运地曾在罗马建筑上存在，因此现在仍然被允许保留；同时建筑大量使用圆顶，在内部建造筒形拱。

一系列形式上的变化带来的结果是不幸的，要公正评判15世纪的精巧装饰几乎不可能，因为它被放置在古老而贫乏的罗马建筑轮廓上。据我所知，在欧洲只有一座哥特式建筑，那就是佛罗伦萨百花大教堂，虽然装饰属于更早的风格，但仍然极为精致，使我们能够欣赏文艺复兴时期完美的艺术效果，它来自像韦罗基奥和吉尔贝蒂这样的大师之手，只不过它被运用于哥特式建筑结构的巨大框架之上。正如我将在最后一章指出的那样，这是一个我们应该在现代切实解决的问题。

然而，形式上的变化尚且是文艺复兴有害原则中最为轻微的部分。正如我所言及，文艺复兴艺术在早期阶段，它的主要错误是不惜一切代价追求完美。我希望"哥特式的本质"这一章的内容足以说明完美不应是普通工匠所能拥有的品质，获得该品质需要以牺牲一切为代价，如他的全部人生、思想和精力，可是文艺复兴时期的欧洲人却认为这不过是为了达成完美付出的小小代价。像韦罗基奥和吉尔贝蒂这样的天才可遇而不可求，倘若要求普通工匠具有这样的执行力或博学程度，只能使他成为复制者。天才的力量大到足以把科学与创意结合起来，把方法与情感结合起来，化为艺术之灿烂。但是在天才身上，创造的火花是第一位的，而欧洲人只看到方法和完美。这一点对于当时的人们而言是甫新出现的，他们也就开始盲目追求这一点，以致忽略了其他一切。"如此，"他们呼喊道，"从今以后，我们所有的工作都必须如此。"他们轻易地臣服了。于是下层工匠终于获得了技巧和完美，而为了换取这一点，他们丢掉了灵魂。

因而现在，当我笼统地谈到文艺复兴时期的邪恶精神时，请不要误解我的意思。读者如果从头到尾通读我所有的文字，他将找不到我有一个词会不对文艺复兴的巨人们抱有最崇高的敬意。他们穿上了文艺复兴时期的笨重盔甲，却并未因此妨碍其鲜活的生命力——达·芬奇和米开朗琪罗，基兰达约和马萨乔，提香和丁托列托。但我依然必须指出，文艺复兴时期是一个邪恶的时期，因为当历史目睹那些人在战斗中燃烧自己时，把他们的盔甲误认为是他们的力量，每一个年轻人万分痛苦地被这套装备所拖累，他们本应该只带着自己挑选的几块光滑的小石头离开历史之川流。

因此，当读者自行研究任何16世纪的意大利艺术作品时，必须永远记住一点。由一个真正伟大的人所完成的这项工作，他的生命和力量未受到压迫，他充分利用了那个时代的全部科学，那就没有比这更卓越的作品了。比如，我不相信世界上还有比韦罗基奥创作的巴托洛梅奥·科莱奥尼骑马雕像更为辉煌的雕塑，在这些书页印刷出来之前，英国也未产生与其比肩的人物。但是当16世纪的作品由那些更普通的人来完成时，当他们还在哥特时代里，虽然以一种粗糙的方式，仍然会找到一些言说他们内心的方式，但是，现在这些艺术作品是完全没有生命的，那不过是对精致范本的拙劣模仿。倘若不是这样，则仅仅是反映技艺的积累，而工匠在获得这种积累时，放弃了身上所有其他的力量。

因此，这一时期的艺术一落千丈，从西斯廷教堂到现代室内装饰，但是，在很大程度上，"五百"的绘画和更高的宗教雕塑是高尚的，因为这个时期在建筑中工匠处于下等的地位，于是"五百"的建筑及其雕塑则是普遍低下的，然而，却以完美的精致式样几乎弥补了力量的损失。

尤其是前述文艺复兴的第二个分支，它是威尼斯建筑基于拜占庭风格变化而成的。一旦对于古典的热情使得哥特形式受到冷遇，威尼斯人自然会饱含感情回归拜占庭的式样。圆拱和简单的柱子完全符合人们新的需要，呈现出古人曾经使用过的样子。在新思潮下出现的第一个建筑流派，采用12世纪的镶嵌大理石工艺以及柱子和拱的一般形式，运用现代工艺加以改进。在维罗纳和威尼斯，建筑都极为壮丽精致。在维罗纳，建筑不那么具有明显的拜占庭风格，而拥有一种几乎是该城市特有的丰富和细腻特征。在威尼斯，建筑显得更加庄严，其装饰雕塑由于敏锐的触觉和细微的形式变得空前绝后，而且由于引入了彩色大理石、蛇纹石和斑岩的圆形镶嵌，建筑变得尤为辉煌绚丽，所以，当菲利普·德·科米内斯第一次进入威尼斯这座城市时，就被深深打动了。威尼斯风格中最精致的两座建筑是米拉科利小教堂，以及圣约翰和圣保罗教堂旁边的圣马可教堂。最高贵的建筑作品是公爵宫的正立面。大运河旁的达里奥府邸和曼佐尼府邸也是此种风格的精美范例。此外，在弗斯卡里府邸和里亚尔托桥间的运河边有几座府邸，孔塔里尼府邸是主要的例子，虽然建成有点晚，但属于同一类型，显著的特色是将拜占庭风格的色彩原则与罗马风格的三角楣饰最为严格的直线融合，逐渐取代圆拱。这些府邸装饰中凿刻的精确性，构图比例与轮廓线条的巧妙，对其再怎么称赞也不过分。我相信，总的来说，威尼斯的旅行者给予它们的关注往往太少而不是太多，但是，当我要求旅行者在建筑的每一处停留足够长的时间，仔细观察每一根线条时，我也必须警告他，在装饰概念之后是灵魂的虚弱和缺乏，标志着一个衰落的时期。彩色大理石碎片的镶嵌极为荒谬，不是简单和自然地将其插入砖石，而是将其嵌入圆形或长方形的框架里，像镜子或镜框挂在墙上并配上缎带。一对翅膀通常固定在圆形板面上，看起来好像是为了减轻缎带的重量感，整个装饰镶嵌系列系在顶部一个小天使的下巴处，小天使就像停在谷仓门上的鹰一样被钉在建筑立面上。

但是在离开这些拜占庭影响最后所及的府邸之前，还有一条对我们而言非常重要的教训。虽然在许多方面，风格衰退了，但它们代表了完美的工艺和无瑕的品格，没有缺点，也绝对诚实。正如我们看到的，没有一处是不完美的，却证明其缺乏建筑中最为重要的品质。但是，作为砖石工程的范本有自身的价值，因为工匠们在整平石头、镶嵌精准等方面达到高超水准，其特点颇有教育意义。

例如，在特雷维森府邸橄榄枝与鸽子的镶嵌设计中，切割白色大理石的精准无可超越，在下方的月桂花环中，每片叶子的波纹边缘都像用一支精致的铅笔一样精细描画出来。没有哪张佛罗伦萨的餐桌能超越整个府邸正面装饰的精致程度，这些府邸是欧洲建筑中最负盛名的。公爵宫虽然正立面颜色单一，但作为大型建筑中精美砖砌工程的例子，不仅是威尼斯也是世界上最好的建筑之一。它不同于拜占庭文艺复兴时期的其他作品，建筑规模非常大，但仍然保留了纯粹的哥特式建筑特征，这赋予建筑某种高贵感，它具有永恒的丰富性。几乎没有一扇窗或一面板与其余的相同，这种不断的变化使人眼花缭乱，从而影响了观者对它尺度的感受。尽管它没有任何醒目的特征，也没有任何引人注目的突出物，但在意大利，当贡多拉从叹息桥下划过时，没有什么比头顶上的公爵宫更令人印象深刻的了。最后（除非我们以非常幼稚的观点苛责这些建筑），它们非常诚实，也非常完美。我不记得它们身上有任何镀金之处，所有的材料都是纯大理石，至为精良。

因此，当我们最后离开公爵宫的时候，我们将再次从威尼斯之石中学到以警告形式出现的重要一课。

# 第二章  罗马文艺复兴

　　在威尼斯，建成时间晚于公爵宫最后增建部分完工时间的建筑之中，最高贵的无疑是在不久前被其所有者责难，本计划拆除按材料价值出售的那类建筑。这些建筑被奥地利政府拯救保全下来，并被政府官员作为邮局业务场所，因为政府官员们想不出其他用途，贡多拉船夫仍然知道其旧称为"格里马尼之家"。这座建筑由三层科林斯柱子构成，简洁，精致，崇高，其规模如此巨大，以至于它左右两侧的三层宫殿只到它第一层檐口的位置。然而，它乍一看并不是如此庞大，一些设计的权宜之计是将其真实规模隐没于观者的视线之中。而在它面前突然相形见绌的整个大运河，乃出于其体量操控之下。我们这才意识到，这种感觉是由格里马尼之家的威严造成的，于是乎，里亚尔托桥和附近建筑群，成为让人印象深刻的整体。其细节的完美不逊于其规模的宏伟。在其高贵的前脸上，没有一条错误的线条，也没有一处不妥的比例，凿刻得异常精细，为笨重的石头带来了一种轻盈的外观，它们完美地结合在一起构成了建筑的正面。装饰很少，但却相当精致。建筑一层的装饰比其余楼层更为简洁，使用壁柱而不是单独的柱子，采用科林斯柱式，上面细腻刻画着丰富的树叶和水果。其余的墙壁平坦而光滑，线脚凿刻得较浅，但不失精确，以至于粗大的柱身看起来仿若水晶在绿玉中穿行。

　　这座宫殿是威尼斯的主要建筑类型的代表，是欧洲优秀的类型之一，也是文艺复兴建筑风格的核心。这种风格以精心设计和完美施工获取了我们的尊重，并成为大多数文明国度在重要建筑类型中采用的范式。我将这一类型称为罗马文艺复兴，因为它建立在古典时期罗马建筑最为优秀的范例之上，无论是它采用的重叠结构，还是它汲取的装饰风格，均是如此。拉丁文经典的复兴导致了它的流行，文本被用来指导它的形式，现存最重要的例子是罗马圣彼得大教堂的巴西利卡部分。① 它在文艺复兴的重建计划里，除了保留圆拱、拱顶和穹隆之外，与希腊式、哥特式或拜占庭式建筑没有相似之处。在所有细节的处理上，它完全是古罗马拉丁式的。与中世纪传统的最后联系已经被建筑师对古典艺术的热情所打破，真正的希腊式或雅典式建筑的形式对他们来说仍然是未知的。对希腊建筑高贵形式的研究导致了我们这个时代文艺复兴的各种模仿，但是学习者发现最适用于当代生活的形式仍然是罗马式的。因而整个时期的风格最适合用"罗马文艺复兴"这个词来表述。

　　正是这种风格，使用纯粹和完整的形式——以威尼斯的格里马尼之家（圣米歇里②建造）、维琴察的市政厅（帕拉第奥建造）、罗马圣彼得教堂（米开朗琪罗建造）、伦敦的圣保罗大教堂和白厅（雷恩

---

① 译注：拉丁语作为印欧语系的意大利语族语言，于古罗马广泛使用，至少可追溯至罗马帝国的奥古斯都皇帝时期，当时所使用的书面语被称为"古典拉丁语"。

② 译注：圣米歇里（Michele Sanmicheli，1484—1559），意大利文艺复兴时期建筑师，手法主义大师。

和伊尼哥·琼斯建造）等建筑为代表，是哥特式建筑的真正对手。随着折中风格的兴起和形式自身的弱化，不久之后，文艺复兴风格就在欧洲停止流行，不再被建筑师欣赏，也不再成为他们的研究对象。但是，在大多数情况下，它仍然是19世纪之前的主要建筑风格，这时期里哥特式、罗马式或拜占庭式风格不占主导，这些形式被许多主要人物认为是野蛮的，这种观点还持续了相当长的时间。文艺复兴风格在他们眼中是高贵和美丽的。不过，无论它可能拥有某种程度的完美，在本质上都不值得这么做，而且不可实现，我的目的就是说明这一点，因而我将花费精力展示该风格的特点。哥特式建筑的本质试图把各种各样的元素结合起来展示给观者，并使其能够判断如下，不仅自然这个系统本身已经产生足够多优美的形式，而且这些形式还包含面对未来的适用性，应对人类各式各样的需求，同时展示内心无尽的力量。现在，我将努力以同样的方式，向读者展示文艺复兴建筑的本质，从而使他能够在同样的标准下，用同样的放大视角来比较这两种风格与人类智力和服务能力的关系。

　　对我来说，没有必要对这类建筑的外部形式进行过于详细的考察。它的开洞部位和屋顶使用低矮的三角形山墙或圆拱，但不同于罗马式建筑，因为它非常重视拱上方的水平过梁或楣梁，将主轴的能量转移到这个水平梁的支撑上，从而使拱成为次要而多余的特征。我认为这类结构的形式颇为荒谬，本来承载墙重的两根短柱，每一根柱子被分成两根，好像整个建筑的重量都落在又细又长的柱子上。任何帕拉第奥风格的作品中，半个柱头成双成对地粘在主柱两边，这种不美观问题一直未被解决过。但这还不是值得我反对的建筑形式。它的缺陷是许多早期建筑高贵形式所共有的，完全可以用卓越的精神来弥补。但是，它的道德本质是腐败的，因此，揭露这一本质是我们对其加以考察的主要目的。

我认为，主要有两点共同构成文艺复兴建筑内部精神的道德和非道德元素——傲慢和背信。这种傲慢可以分解成三个主要的方面——科学的傲慢、国家的傲慢和制度的傲慢，借此可以考察对应的四种精神状态。

# 第三章　怪诞文艺复兴

　　在上一章的结尾部分，读者或许可以注意到，威尼斯的衰弱过程伴随着威尼斯人道德气质上的变化，从傲慢滑入不忠，从不忠再滑入肆无忌惮的享乐。在王朝走向没落的最后岁月里，贵族和平民的注意力似乎都集中在自我放纵上。他们没有足够的力量去维持尊严了，也没有足够的远见去施展雄心。国家宝藏一个接一个地被拱手让于他人，贸易渠道一个接一个地被弃用，要么就是被更有活力的竞争者占据和圈闭，这个国家的时间、资源和思想完全被奇妙而昂贵的享乐主义所占据，享乐最能愉悦他们的冷漠，平息他们的悔恨，掩盖他们的毁灭。

　　在这一时期里，威尼斯的建筑是人类极其糟糕、极其低劣的产物之一，尤其明显的一点是，建筑带有一种残酷的嘲弄和傲慢的戏谑意味，这种扭曲的精神在畸形和怪异的雕刻中耗尽了自己，大约只能被理解为醉酒后的下流行为延续到了建筑上。在这样一个时期里，在这样的作品中，沉湎于其中无疑是人们痛苦的体验，我原本并不打算这样做，但我发现，除非理解文艺复兴的整个生命周期，否则就不能理解其内在精神。研究文艺复兴时期的戏谑特质将引发许多有趣的问题，我愿意称之为怪诞文艺复兴。这种精神其实并不仅仅局限于这一时期。在哥特时期最为高贵的作品中，也存在戏谑式的表现——极为常见、漫不经心而流俗，因此，研究戏谑本身的性质，确定戏谑在艺术的最高阶段与退化阶段的表现有何不同，就变得非常重要。

最适合开展考察的场所在威尼斯历史上极为出名，即圣玛利亚福尔摩沙教堂前的空地。在里亚尔托桥和圣马可广场之外，这个地方在旅行者中引发了一种特殊的兴趣，因为它与威尼斯新娘动人的传说有关。这个真实的传说在威尼斯的每一部历史中都被详细记载，最后，再由诗人罗杰斯讲述，以至于在他之后没有更好的表达者了。因此，我在此提醒读者，俘虏新娘的事件发生在卡斯特罗圣皮埃特罗天主教堂。圣玛利亚福尔摩沙之所以与这个传说有关，是因为威尼斯少女每年都会在同性前辈获救的纪念日来这里祈祷，感谢圣母给予救赎。而除了这座教堂，在威尼斯没有其他教堂供奉圣母玛利亚。

无论是天主教堂，还是献给美丽圣母的教堂，没有一块石头能留着不被拆毁的①。但是，从后者的历史我们可以得到一个重要的教训，因为与眼前的主题相关，所以我们首先回顾一下这座被毁教堂的传统及其历史。

没有比"传统"这一更光荣的称谓来形容关于它的记录了，然而，我感到悲伤的是我们缺失了关于它最初建造的传说。乌德佐主教在伦巴第人的驱使下离开了他的主教辖区，来到此地，当他祈祷时，

---

① 译注："没有一块石头能留着不被拆毁的"出自《新约》马太福音第24章，耶稣对他们说，你们不是看见这殿宇了吗？我实在地告诉你们，将来在这里，没有一块石头能留在另一块石头上，不被拆毁的。

在幻象中看到了圣母玛利亚，她命令他在白云停留的地方建立一座教堂纪念她。在他出门的时候，白云飘行在前方，而在白云停留的地方，他真的建造了一座教堂，称它为圣母玛利亚教堂，教堂的建造正是为了纪念圣母出现的美好情景。

仿佛是为了消除有关它的记忆，周围环境中原有的节庆特征在随后的时代中被破坏了。只有维图拉府邸是例外，现在的圣玛利亚福尔摩沙的广场上，没有一座建筑的窗户可以看到往日节庆的场景，前人曾经膜拜过的教堂，如今一块石头也没留下，甚至地表的形态和运河的流向也被改变了。只有一个地标可以指引今天的旅行者到达传说中白云停留的地方，这座神殿是为了纪念圣母玛利亚而建造的。这个地方在今天仍然值得朝圣，因为我们可以从中获得教训，尽管是令人痛苦的教训。让旅行者首先用古老节庆的美丽画面填满想象，然后寻找现代教堂塔楼的位置，它建造在威尼斯的女孩们每年和她们最高贵的领主一同下跪的地方，让他抬头看看刻在塔楼基座的头像，敬献于美丽的圣母玛利亚。

这座头部雕像如此巨大、非人而可怕，仿佛人类在兽性的堕落中斜睨，其污秽无以言表，不忍卒观。然而在忍受其外部狰狞的那一瞬间，却可以发现它体现了威尼斯在衰落阶段被唾弃的邪恶精神。很好，我们正应该在这个地方直接地看到和感受到它的全部恐怖，并知晓它是何方瘟疫来到此地，喘息于威尼斯的美丽形象之上，直到它邪恶的身体被融化，化作那些白色的云，在圣玛利亚福尔摩沙古老的圣域里缓缓升起。

这座头部雕像是晚近使得这座城市建筑蒙羞的许多雕像之一，这些雕像的脸部表情或多或少都带有嘲弄的意味，甚至多数情况下还吐

出舌头增强这种感觉。大部分雕刻出现在桥上，这也是威尼斯建造
的最后几部作品之一，譬如叹息桥便是其一。它证明了面对兽行，雕
像开启沉思，脸上显出低沉讽刺的表情，我相信，这恐怕是人类陷入
的无望的状态之一。正如我所说，这种愚弄的嘲讽精神是文艺复兴后
期最为显著的特征，由于这种特征被大量赋予在这个时期的雕塑作品
上，我愿意称之为怪诞文艺复兴。但是，它与前述北方哥特思想主要
元素的奇异想象的壮丽状态不同，如何区分这种怪诞在本质上的不同
是我们当前的任务，也将是一项非常有趣的任务。这也不仅仅是一种
有趣的推测，因为根据英国人目前的思维状况，辨别真假怪诞变得极
为重要。从某种程度上看，除非读者在这个问题的思考上取得了一些
进展，否则他将很难被说服。

　　但是，首先需要注意威尼斯晚期建筑的一个特点，在物质存在上
帮助我们理解精神的本质，这也就是我们考察的主题。我所说的这种
特别之处，非常奇诡，先是体现在圣玛利亚福尔摩沙教堂的正面，
建筑侧面有前述奇异的雕像头部。这一立面，其建筑师是何人已经无
考，它包括一座山花，由四个科林斯壁柱支撑，我相信这是威尼斯最
为古老的柱式，它们缺乏宗教符号，没有铭文或碑文，除去盾牌上主
教的帽子可以被认为是某个宗教象征。整个外立面只不过是出于纪念
文森佐·卡培罗所建造的纪念物①。有两块石碑被放置于侧面的成对
柱子之间，上面记录着他的事迹和荣誉。在教堂基座的对应位置上，
有两座圆形的奖杯，由戟、箭、旗、三叉戟、头盔和长矛组成。不论

---

① 文森佐·卡培罗（Vincenzo Cappello, 1469—1541）军事领导人权威，为威尼斯政府服务。

从宗教的眼光还是军事的角度来看，这些元素都毫无价值，它们是从罗马武器和盔甲的形式中复制而来的，甚至还不能作为那个时期服饰的参考资料。门的上方是立面的主要装饰，在"野蛮的"圣马可大教堂被基督形象占据的类似位置，则是穿着罗马式盔甲的文森佐·卡培罗雕像。他于1542年过世。因此，我们把16世纪后半叶定为威尼斯的这样一个时期，教堂的建造是为了彰显人类的荣耀，无关乎上帝的荣耀。

在充分注意到这些反映人们鄙劣心理的事实之后，我们将毫不惊讶地发现，他们的建筑理念同时呈现老态龙钟的迹象。整个这一时期里建造的教堂是如此低劣，以致今天的意大利批评家们也意识到了意大利艺术的真实状态，他们盲目地追究艺术衰弱的原因，极尽可能地指责文艺复兴建造者。

通过一系列类似的艺术表达，怪诞精神可以在威尼斯人的精神力量里被追溯出来。但是，我们有必要仔细区分它与轻浮之间的差异。我曾谈到，威尼斯人秉性严肃，这就像从某种意义上说，英国人比法国人更严肃。尽管伦敦下层社会的惯常交往带有幽默的味道，但我也相信这种味道在巴黎人的生活中是无法找到的。沉溺于休憩嬉戏是一回事，追求愉悦则是另一回事：在辛苦劳动后会产生一种愉悦，因为完成任务或者收益丰厚，使人感到欣慰，这与人内在性情的严肃是相容的，甚至在某些情况下就是人的天性，且是自然而然产生的；但后者完全是一种思想状态，这就引向怪诞的鼎盛阶段，对快乐的执着使得精神不再敏捷，在娱乐中无法享受到真正的欢悦，处于痛苦、粗俗和愚蠢的精神状态。威尼斯人在年轻的时候有的是乐趣，但是从不轻浮；相反，他们对商业和政治的追求，以及对宗教的虔诚都包含着一种强烈的真诚，这种真诚逐渐导致了不可动摇的决心和深思熟虑的性格的融合，这种融合如此奇妙又是如此悄然地在巅峰时期塑造了威尼斯人的性格，严肃被保留，但随后不再拥有作为人的自觉性。如果有任何一种迹象表明，威尼斯人的面貌，正如我们所记录的那样，是由一种前所未有的肖像画流派所体现出来的（主要原因是没有一幅肖像画触及如此尊贵的主题），如果在威尼斯人的外貌特征中有值得特别注意之处，那就是静默的深思与高贵的庄严。在意大利其他地区，最著名的作品中所出现的对尊贵头部的描摹，显然是出自画家的感觉。画家明显地升华或理想化了模特，想超越周围人性的不足，主要是通过采用脑海中完美的色彩来掩盖肖像本身的不足，没有经过改善的肖像本身并不会令人印象深刻。但在威尼斯，一切恰恰相反。画家在某种程度上似乎显得轻浮或世俗化，他们喜欢服装，喜欢家庭和怪诞事件，喜欢研究裸体。但是，当明确要绘制肖像画的时候，一切形象在画笔下都是高贵而庄重的，他的作品越是逼近艺术的真实，就越是显得伟大。一位威尼斯艺术家，如果画圣母像或圣徒像这种平常的题材，几乎不能有什么新意，可是当他的主题是诸如四十人团的成员或铸币厂厂主时，人物形象常会被升华到难以企及的至高境界。

这就是威尼斯人思想的总体基调和演化方式，这种方式大致持续到17世纪末期。首先是严肃、虔诚、真诚，随后虽然保持严肃，但相对缺乏责任心，并倾向于回落到严厉和微妙的方式：在前一种情况下，怪诞精神的尊严感根本不表现在艺术上，而只是在言语和行动上展示；在后一种情况下，威尼斯人通过设计活泼的构图在绘画中展现自身，而完美的尊严感总是保存在肖像画中。最后则是第三阶段的加速发展。

再一次，也是最后一次，允许我向读者提及1423年托马索·莫塞尼格总督之死这一重要事件，长久以来，他的去世一直被认为是威尼斯权力衰落的开始。这一衰弱的标志，不仅是垂死的王储吐露的遗言，而且留有清晰的文字。据记载，在其继任者弗斯卡里总督登上王位时，"这个城市整整庆祝了一年"。威尼斯在她童年时，曾含泪播种，以欣喜之情收获果实。如今在欢笑声中播下了死亡的种子。

恰恰从那时起，年复一年，这个国家越发渴望汲取曾被禁锢的享乐，并在世界的各个黑暗之处竭尽全力挖掘快乐之事。独创性的放纵，各种各样的虚荣心，威尼斯在这些方面超越了基督教世界的所有其他城市。过去，她以坚韧和忠诚的品格超越了它们，欧洲的统治曾经站在她的审判席前，接受她正义的裁决。现在，欧洲的年轻人聚集在她豪华的大厅里，向她学习快乐的艺术。

追踪威尼斯最终毁灭的脚步已经没有必要了，也过于痛苦。那一古老诅咒在她身上应验，这座平原上的城市将会"心骄气傲，粮足库满，大享安逸"。她体内的热情，曾如同古摩拉城上的暴雨一般致命，如今却从她栖息之地消失不见。她的灰烬积满了死寂的水道。

# 第四章　结论

　　我担心这一章会是漫无边际的，因为它一定是对前述文字的一种补充，也是对我极为不完善和费力叙述的主题的一种概括。

　　关于在17世纪和18世纪出现的怪诞艺术，我们研究了它的性质，并将之作为考察欧洲建筑的结尾。它们是那种与自身一致的感觉艺术最后的证据，能够引导建造者以自己的努力形成任何名副其实的风格或流派。从那时起到现在，没有新的艺术能量复苏和产生，目前看来也不可能。这种艺术上不育的境况到底会持续多久，对于一般门类的艺术，以及对于我们毫无生气的建筑艺术而言，我们的直接努力到底可能会最有益地指向什么方向，是我将在本章中努力思考的问题。

　　那么，基于以上考虑，我的读者将知道通过何种方法，英格兰能够形成健康的建筑风格，答案是明确而简单的。首先，让我们彻底抛弃那些与希腊、罗马或文艺复兴建筑有关的东西，无论是原则上的还是形式上的。我们已经看到，建筑的形式建立在希腊和罗马的范型上，导致我们在过去三个世纪里因循习惯建造建筑，完全缺乏生命力，没有美德、荣誉或任何善行的力量。这样的建筑是低劣的、不自然的、无益的、令人不快的、毫不虔诚的。从起源上来看就非正途，它们以骄傲和邪恶兴起，走入衰弱的境地，即使被美好的生命环绕，也如同垂死之中绝望的国王，长期以来一直执着地筑起高塔，将孩童的鲜血充入注定衰老的血管。这种建筑的发明，似乎仅仅是为了把建筑师变为抄袭者，把建造者变为奴隶，把居民变成纵情享乐的人。在这种建筑之中，人类的智力是闲置的，发明是不可能的，仅有人类的奢侈欲望得到满足，傲慢态度得到加强。所以，我们要做的第一件事，就是把它们扔出去，彻底抖掉脚上的尘土。任何与五柱式或其中之一相关的，无论是多立克、爱奥尼、塔斯干、科林斯还是组合柱式，抑或是任何希腊化或罗马化的柱式，从不允许细微背叛的维特鲁威原则到帕拉第奥范式，我们不能再忍受了。在审判的法庭上，首先要做的就是清除这些"垃圾和破布"。

如此行之，把我们的牢笼变成圣殿就会是一件容易的事情。我们看到，希腊和罗马建筑毫无生气，无所促进，不符合基督的精神，同样，我们自己古代的哥特式建筑是生动的、实用的、忠实的。我们已经看到，哥特式建筑在履行所有的职责上都是灵活的，在所有时期里都是持久的，对所有心灵都是有益的，在所有的分工上都是光荣而神圣的。它集聚所有的卑微和所有的尊严，适合小屋门廊，也适合城堡大门；在住宅建筑中让人觉得可亲，在宗教建筑中让人觉得崇高；它简单而有趣，连孩童都可以读懂它，而一旦被赋予权力，则可以成为让人敬畏的力量，高高扬起最为崇高的人类精神。这种建筑具有点燃其建造者心灵的能力，并满足了观者的情感需要。每一块石头都砌在它庄严的墙壁上，使人们的心离天堂更近了一步，它从诞生之日起就与存在者融为一体，它的所有形式都象征着信仰。从现在起，让我们以这种建筑方式来建造教堂、宫殿和农舍。但是，主要是让我们用它来建造民用建筑和居住建筑。可以肯定的是，我们将经常经历失败，然后才能再次建立自然和高贵的哥特式建筑：不要再让我们的庙宇成为我们经历失败的地方。在古代的基督教建筑再次被所有人接受之前，我们肯定会冒犯许多偏执者：不要让宗教建筑成为这种冒犯发生的缘由。我们将遇到的困难是应用哥特式建筑风格的教堂，这不会影响民用建筑的设计，因为具有美丽形式的哥特式教堂不适合新教崇拜。正如第Ⅱ卷谈及的托切罗大教堂，这似乎不是不可能的，因为如果我们研究声音科学，或者早期基督徒的建筑实践，我们可能会明白把布道坛放在大教堂后殿尽端的原因。但是它的设计完全破坏了哥特式教堂的美丽，正如在现有例子中看到的，在其他方面也有许多需要改进之处，因此这种不明智的做法目前只能让人尴尬。除此之外，引入专门用于教会的风格，会激发许多人的强烈偏见，这些人可能是最热心的募捐者。我很确定这一点，例如，如果像在玛格丽特街刚刚建成的教堂内部的高贵风格出现在民用建筑里，会立刻消除许多人的质疑。然而，它现在却引发恐惧，被怀疑是否在表达一个特定政党的宗教原则。但是，不管人们是否真的这样认为，这座教堂决定性地揭示了一个事实，那就是我们目前哥特式设计的能力。这是我见过的第一座建于现代的哥特式建筑，没有显示任何胆怯或无能的迹象。总的来说，在各部分的比例上，在造型的精细和精确上，最重要的是，在花卉装饰的力量感、活力和优雅上，它以一种广阔而雄厚的方式发挥作用，挑战任何时代最为高贵的作品，无畏于被比较。完成这一作品，意味着我们可以胜任挑战；我们的希望和信心未被限制住；我相信我们不仅有可能在某些方面与北部国家的哥特人平起平坐，甚至还有可能远远超过他们。在引入人物雕塑时，我们确实处于绝对的劣势，因为我们没有值得研究的人物。没有一个建筑雕塑不代表当时的服饰和人物，我们的现代服装根本无法成为装饰主题。但在花卉主题的雕塑中，我们可能会远远超越过去的作品，精细程度也会超过镶嵌作品。因为，虽然哥特式建筑的无上荣耀在于能够接受最为粗鲁的作品，但它从不拒绝最为优秀的作品，一旦满足于最简单的工艺操作，我们很快就会发现许多建造者变得越来越熟练。而且，在现代财富和科学的帮助下，我们可以建造比乔托钟楼更好的建筑，而不是止步于粗犷的大教堂，我们可以采用纯粹而完美的北哥特形式，并用意大利的精致度来完善它们。目前很难想象，以英国和法国13世纪哥特式建筑的形式设计，结合意大利艺术在细节上的精致，可以形成一个合适的解决方案，因为我们要改变以人物为主题的雕塑，展示每一朵鲜花和英国田野的美丽，像我们的祖先为橡树、常春藤和玫瑰所做的那样，为每一棵扎根于岩石中的树，每一朵汲取过夏日雨露的花付出同样多的心血。让它们成为我们雄心勃勃的目标，让我们真正触及它们吧，谦卑地携手弱小之物。19世纪的伦敦就会成为没有专制的威尼斯，没有纷争的佛罗伦萨。